Pour Sophie

J-M. A.

Dans la même collection :

Le Dico des Indiens
Le Dico des Gallo-romains
Le Dico des Chevaliers
Le Dico des Chevaux
Le Dico des Égyptiens

Graphisme : Elisabeth Ferté

Connectez-vous sur : www.lamartiniere.fr

Pierre Cruzalèbes
Sylvia Dorance

Le Dico de l'astronomie

Illustrations
Jean-Michel Arroyo

De la Martinière
Jeunesse

PETIT GUIDE D'UTILISATION

ENTRÉE
classée par ordre alphabétique

PETIT TEXTE D'INTRODUCTION
permettant de mettre en avant certaines informations (définition, étymologie...)

de la nôtre, est distante de 2,4 millions d'années-lumière. Cela donne une bonne idée des distances dans l'UNIVERS, qui mesure, quant à lui, la bagatelle de 13 milliards d'années-lumière...

APESANTEUR

L'attraction terrestre (ou GRAVITATION) qui nous maintient au sol est aussi la cause de notre poids : sans l'attraction, nous ne pèserions rien. Sur la LUNE, l'attraction existe aussi, comme sur tous les ASTRES, mais elle est 6 fois moins forte. Une personne de 60 kg s TERRE ne pèse plus que 10 kg s la Lune !
L'apesanteur (ou impesanteu c'est l'absence totale de PESA TEUR, le fait de ne plus rien pes du tout parce que l'on ne sub aucune attraction. C'est pour cet raison que, dans une NAVET spatiale, les ASTRONAUTES et l objets flottent.

APOLLO

Le programme américain Apollo, mené par la NASA à partir de 1966, est un épisode extra-ordinaire de l'histoire de l'humanité ! C'est celui qui a permis à l'homme de fouler pour première fois le sol de la LUNE.

Les vaisseaux *Apollo* pesaie 45 tonnes et comprenaient tro modules. Le premier servait c salle des machines : il assurait voyage aller vers la Lune et reto vers la Terre. Le deuxième, module de commande, permetta le retour des ASTRONAUTES sur sol terrestre. Le troisième, module lunaire (LEM), se posait s la Lune et en redécollait.

12

Une dizaine de doubles-pages thématiques se présentant de la manière suivante :

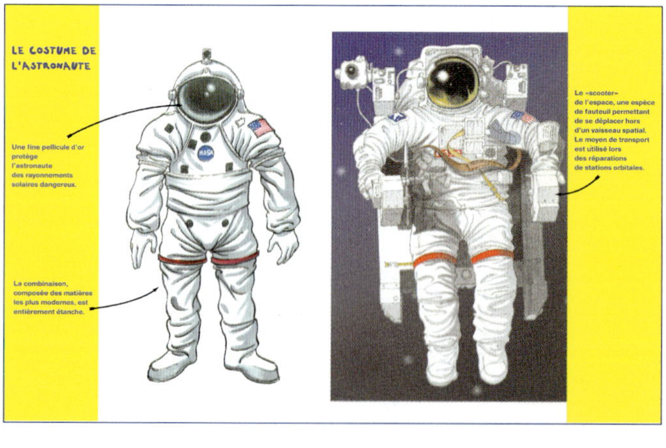

UNE GRANDE IMAGE PRÉTEXTE À DE NOMBREUSES LÉGENDES FLÉCHÉES

ulser de tels vaisseaux dans
ace a nécessité la construction
USÉES porteuses géantes, les
rne V à trois étages, hautes de
et pesant 2 770 tonnes.
dix premières missions sont
sacrées à l'entraînement des
onautes et aux tests du
ériel. C'est seulement lors du
ème lancement que l'astro-
te NEIL ARMSTRONG peut
poser le pied sur la Lune, le
uillet 1969. Des traces de
elles d'homme sur le sol de

poussière argentée ! Armstrong dira : « C'est un petit pas pour un homme mais un pas de géant pour l'humanité. »
Les missions s'enchaînent alors : il s'agit de ramasser beaucoup d'échantillons et d'effectuer toutes sortes de mesures. C'est la première fois que l'on peut analyser ainsi en direct ce qui se passe ailleurs que sur Terre.
Un réservoir d'OXYGÈNE explose dans le vaisseau *Apollo 13*, après seulement 56 heures de vol : la

Une jeep lunaire

13

TÉMOIGNAGES OU CITATIONS DE PERSONNAGES CÉLÈBRES
pour illustrer de manière vivante la définition

MOTS EN GRAS
qui servent de renvois à d'autres mots expliqués dans l'ouvrage

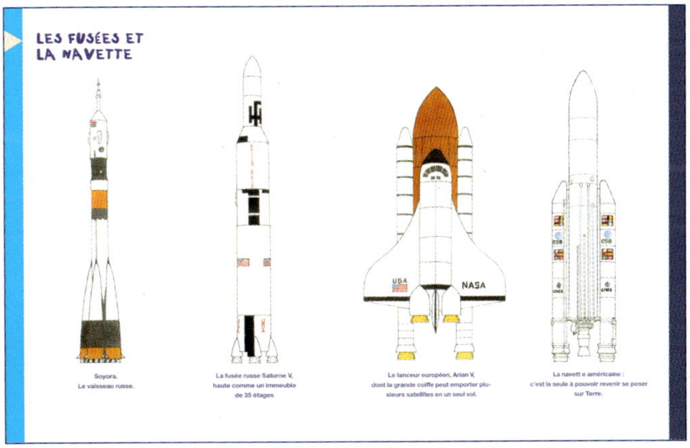

UN GRAND VISUEL CHOISI POUR SA QUALITÉ DE DOCUMENT HISTORIQUE

UNE PLANCHE ENCYCLOPÉDIQUE POUR COMPARER PLUSIEURS ÉLÉMENTS

VUE DE JUPITER

AMAS

Les amas stellaires sont des regroupements d'ÉTOILES dans les galaxies.
Les amas galactiques sont des regroupements de GALAXIES, eux-mêmes compris dans des regroupements encore plus énormes appelés superamas.

L'UNIVERS ressemble à une immense éponge composée de gigantesques filaments de matière entourant des « bulles » de vide. Chaque filament s'étire sur des centaines de millions d'ANNÉES-LUMIÈRE. Les filaments eux-mêmes sont des chaînes de superamas de galaxies, comprenant chacun plusieurs millions d'amas, chaque amas regroupant des milliers de galaxies. Dans chaque galaxie, on peut dénombrer jusqu'à plusieurs centaines de milliards d'étoiles, certaines vivant seules (comme notre SOLEIL), d'autres vivant par deux ou en association. Les étoiles aussi peuvent être regroupées en amas.

ANDROMÈDE

Andromède est la GALAXIE la plus proche de la nôtre, distante de « seulement » 2,4 millions d'ANNÉES-LUMIÈRE, soit 24 milliards de milliards de kilomètres.

Ainsi, la LUMIÈRE que nous recevons d'Andromède aujourd'hui a mis 2,4 millions d'années pour voyager : elle a été émise alors que l'*Homo erectus*, le premier homme préhistorique à se tenir debout, habitait l'Afrique et commençait à peine à s'aventurer en Asie et en Europe. Finalement... même si c'est la GALAXIE la plus proche de nous, elle n'est quand même pas si près que ça. La galaxie d'Andromède est l'objet le plus lointain visible à l'œil nu.

ANNEAUX (DE SATURNE)

SATURNE est l'une des PLANÈTES géantes du SYSTÈME SOLAIRE. On la surnomme la « perle du système solaire » en raison des milliers d'anneaux très brillants qui

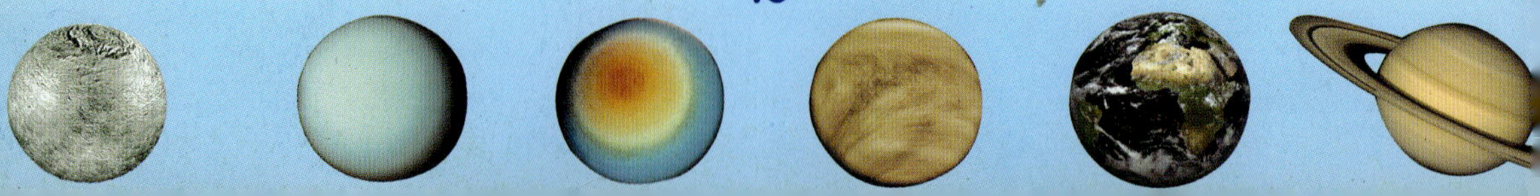

l'entourent. Les blocs de poussière recouverts de glace qui forment ces anneaux peuvent mesurer de 1 cm à une dizaine de mètres. Les anneaux s'étendent sur un disque de 500 000 km de rayon autour de Saturne, mais leur épaisseur est minuscule à l'échelle de la planète : de 100 m à 1000 km. Saturne n'est pas la seule planète de notre système solaire entourée d'anneaux : toutes les autres grosses planètes gazeuses (**JUPITER**, **URANUS** et **NEPTUNE**) en possèdent aussi.

ANNÉE-LUMIÈRE

Les distances astronomiques sont tellement grandes que si l'on utilisait le kilomètre comme unité de mesure il faudrait ajouter des pages de zéros derrière les premiers chiffres. Ce serait un peu difficile à lire ! On a donc choisi des unités plus adaptées. Dans le **SYSTÈME SOLAIRE**, on exprime les distances en **UNITÉS ASTRONOMIQUES** (u.a.), ce qui équivaut à la distance moyenne entre la **TERRE** et le **SOLEIL**, soit 150 millions de kilomètres. Ainsi, 1 u.a. = 150 millions de kilomètres, 2 u.a. = 300 millions de kilomètres, etc.
Pour calculer les distances à l'échelles des **ÉTOILES** et des **GALAXIES**, on préfère utiliser l'année-lumière : c'est la distance parcourue en une année par la **LUMIÈRE**. Or celle-ci se déplace à la vitesse vertigineuse de 300 000 km/s (7 fois et demie le tour de la Terre en une seule seconde). L'année-lumière équivaut donc à environ 10 000 milliards de kilomètres. L'étoile la plus proche de notre Soleil, Proxima du Centaure, est située à environ 4 années-lumière (= 40 000 milliards de kilomètres), tandis qu'**ANDROMÈDE**, la galaxie la plus proche

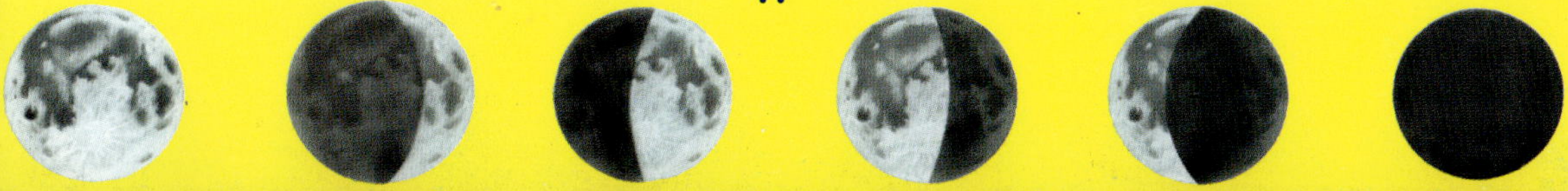

de la nôtre, est distante de 2,4 millions d'années-lumière. Cela donne une bonne idée des distances dans l'UNIVERS, qui mesure, quant à lui, la bagatelle de 13 milliards d'années-lumière…

APESANTEUR

L'attraction terrestre (ou GRAVITATION) qui nous maintient au sol est aussi la cause de notre poids : sans l'attraction, nous ne pèserions rien. Sur la LUNE, l'attraction existe aussi, comme sur tous les ASTRES, mais elle est 6 fois moins forte. Une personne de 60 kg sur TERRE ne pèse plus que 10 kg sur la Lune !

L'apesanteur (ou impesanteur), c'est l'absence totale de PESANTEUR, le fait de ne plus rien peser du tout parce que l'on ne subit aucune attraction. C'est pour cette raison que, dans une NAVETTE spatiale, les ASTRONAUTES et les objets flottent.

APOLLO

Le programme américain Apollo, mené par la NASA à partir de 1966, est un épisode extraordinaire de l'histoire de l'humanité ! C'est celui qui a permis à l'homme de fouler pour la première fois le sol de la LUNE.

Les vaisseaux *Apollo* pesaient 45 tonnes et comprenaient trois modules. Le premier servait de salle des machines : il assurait le voyage aller vers la Lune et retour vers la Terre. Le deuxième, le module de commande, permettait le retour des ASTRONAUTES sur le sol terrestre. Le troisième, le module lunaire (LEM), se posait sur la Lune et en redécollait.

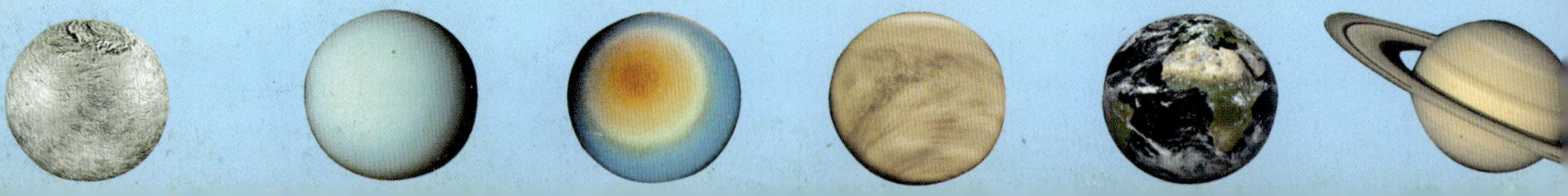

Propulser de tels vaisseaux dans l'espace a nécessité la construction de **FUSÉES** porteuses géantes, les *Saturne V* à trois étages, hautes de 111 m et pesant 2 770 tonnes.
Les dix premières missions sont consacrées à l'entraînement des astronautes et aux tests du matériel. C'est seulement lors du onzième lancement que l'astronaute **NEIL ARMSTRONG** peut enfin poser le pied sur la Lune, le 21 juillet 1969. Des traces de semelles d'homme sur le sol de poussière argentée ! Armstrong dira : « C'est un petit pas pour un homme mais un pas de géant pour l'humanité. »
Les missions s'enchaînent alors : il s'agit de ramasser beaucoup d'échantillons et d'effectuer toutes sortes de mesures. C'est la première fois que l'on peut analyser ainsi en direct ce qui se passe ailleurs que sur Terre.
Un réservoir d'**OXYGÈNE** explose dans le vaisseau *Apollo 13*, après seulement 56 heures de vol : la

Une jeep lunaire.

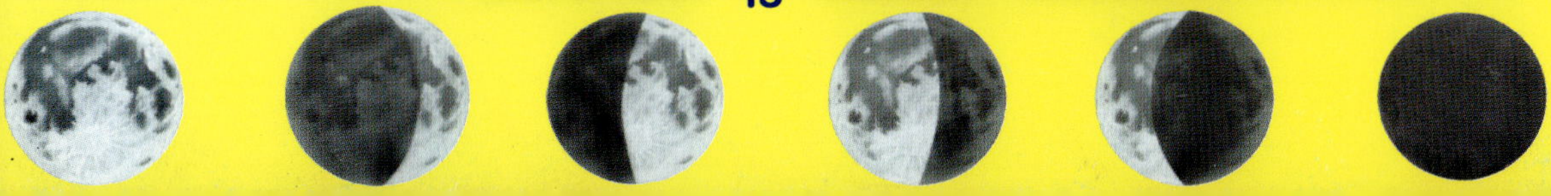

mission d'exploration se transforme en mission de sauvetage, réussie in extremis.
Les dernières missions contribuent largement à la meilleure connaissance de notre **SATELLITE** naturel, en particulier grâce à l'utilisation de la jeep lunaire à partir de la mission Apollo 15. Les astronautes peuvent dès lors se déplacer sur environ 100 km. En décembre 1972, la dernière mission, Apollo 17, est aussi la plus longue (plus de 22 heures d'activité dans une vallée lunaire) et la plus importante sur le plan scientifique (35 km parcourus en voiture, 2 200 photos prises, 120 kg de roches et d'échantillons de sol rapportés).

ARECIBO

L'immense antenne fixe d'Arecibo est de loin la plus grande du monde.

Ce **RADIOTÉLESCOPE** de 300 m de diamètre a été construit dans l'île de Porto Rico, en 1963, par l'université américaine Cornell. Grand comme un cratère lunaire, il est utilisé pour l'étude des **QUASARS** (noyaux actifs des toutes jeunes galaxies) et, surtout, des **PULSARS** (restes des étoiles **SUPERGÉANTES** qui tournent sur eux-mêmes à une vitesse vertigineuse en émettant un faisceau lumineux). Mais l'antenne d'Arecibo est aussi

célèbre pour le programme SETI (*Search for ExtraTerrestrial Intelligence*) consacré à la recherche de messages extraterrestres. Le 16 novembre 1974, un message de 2 minutes et 49 secondes a été envoyé en direction de la CONSTELLATION d'Hercule. Il contenait une présentation de la TERRE et des Terriens, sous forme de données codées et chiffrées, choisies comme étant les plus représentatives : entre autres, les dix chiffres utilisés par l'homme (les dix doigts de la main), les numéros atomiques de l'HYDROGÈNE, de l'azote, de l'OXYGÈNE et du phosphore (dont nous sommes composés), la formule chimique d'un morceau de la molécule d'ADN en forme de double hélice, la silhouette de l'être humain, sa taille, le chiffre de la population humaine, la représentation des PLANÈTES de notre SYSTÈME SOLAIRE, la représentation et la dimension de l'antenne qui a envoyé ce message. Bien entendu, même si des extraterrestres existent et même s'ils entrent un jour en possession de ce message, encore faudra-t-il qu'ils réussissent à le décoder. En attendant une réponse (aucune à ce jour !), les chercheurs continuent à analyser les données enregistrées par le radiotélescope pour y décrypter d'éventuelles communications extraterrestres. En vain… jusqu'à présent.

ARIANE

C'est avec la FUSÉE *Ariane 1*, lancée depuis la base de KOUROU en Guyane française en 1979, que l'Europe est devenue l'une des grandes puissances spatiales.

Depuis la Seconde Guerre mondiale (1939-1945) et jusqu'aux années 1970, l'espace était le domaine réservé des Américains et des Soviétiques. Pour obtenir leur indépendance scientifique et militaire, les pays européens ont dû s'associer pour développer leur propre lanceur. Construire des FUSÉES de plus en plus performantes plaçant en ORBITE terrestre des SATELLITES toujours plus sophistiqués permet de mieux surveiller la TERRE (météorologie, océanographie, imagerie satellitaire…), de communiquer à distance (télécommunications, télévision…) et d'observer le ciel hors des perturbations de l'ATMOSPHÈRE ter-

restre. Voila pourquoi l'enjeu d'*Ariane* est si important.
Ariane 1, *2* et *3* totalisent une trentaine de vols réussis. Leur remplaçante, *Ariane 4*, a la particularité de s'adapter en fonction des charges qu'elle emporte : on peut lui mettre des coiffes (le « coffre à bagages ») différentes. Elle peut placer presque 5 tonnes en orbite. Depuis ses premiers vols jusqu'en 2003, *Ariane 4* a réussi 113 lancements de satellites de télécommunication, d'observation de la Terre ainsi que de satellites scientifiques, s'octroyant ainsi la moitié du marché mondial du lancement des satellites commerciaux. Mais *Ariane 5* est sur les rangs depuis 1997 : elle peut emporter 6 tonnes de charge et l'Agence spatiale européenne prévoit déjà des versions améliorées permettant de lancer des charges de 12 tonnes. D'autres projets sont actuellement à l'étude pour la construction de nouveaux lanceurs réutilisables.

ARISTOTE

(384 AV. J.-C.-322 AV. J.-C.)

Il est l'un des plus grands savants et philosophes grecs de l'Antiquité.

L'ASTRONOMIE n'est pas la spécialité d'Aristote. Pourtant, ses idées sur les ÉTOILES et les PLANÈTES sont bien en avance sur celles de la plupart de ses contemporains. Il affirme par exemple que la TERRE est ronde et il s'appuie pour cela sur l'observation des bateaux qui disparaissent derrière l'horizon, en suivant la courbe de notre planète.
Sa théorie du Ciel s'impose jusqu'à la Renaissance tandis que sa physique élémentariste (fondée sur les quatre éléments : l'eau, l'air, la

terre et le feu) domine jusqu'à la fin du XIXe siècle, transmise à l'Occident grâce aux traductions et aux commentaires des philosophes arabes du Moyen Âge. Selon Aristote, les corps « lourds » (une pierre) tombent, les corps « légers » (la fumée, la vapeur) montent, tandis que les corps célestes semblent suivre des lois totalement différentes, d'où une séparation de l'Univers en deux mondes : le monde terrestre, sans cesse changeant et composé des quatre éléments, et le monde céleste (le cosmos), parfait et immuable. Ces théories sont restées la version officiellement admise pendant 1 700 ans ! En particulier parce qu'elles faisaient de la Terre le centre du monde, ce qui coïncidait avec l'explication de la création du monde selon l'Église catholique.
Il faut attendre GALILÉE, au XVIIe siècle, pour tout remettre en cause de manière sérieuse, malgré l'opposition farouche de l'Église.

ARMSTRONG, NEIL

(1930-)

L'Américain Neil Armstrong se passionne très jeune pour l'aviation et obtient son brevet de pilote à 16 ans. Ingénieur en aéronautique et en aérospatiale, pilote d'essai, il accomplit sept vols à bord du premier avion spatial *X-15*, atteignant en avril 1962 l'altitude de 63 250 m, puis la vitesse record de Mach 5,74 (près de 6 fois la vitesse du son) en juillet. À la fin de l'année 1962, il devient ASTRONAUTE. Il sert comme chef pilote à bord du vaisseau *Gemini 8* et réussit, en mars 1966, l'ARRIMAGE en ORBITE d'une FUSÉE *Agena*. En juillet 1969, il commande la mission APOLLO 11 et devient le premier homme à marcher sur la LUNE, le 21 juillet. Il totalise 8 jours et 14 heures dans l'espace, dont 2 heures et 48 minutes à marcher sur la Lune.
Il devient ensuite administrateur de la NASA puis professeur d'ingénierie aérospatiale à l'université de Cincinnati. En 1985, il participe à la commission d'enquête sur la dramatique explosion de la NAVETTE *Challenger*. Il vit actuellement retiré dans sa ferme à Lebanon, dans l'État de l'Ohio. Aux États-Unis, on le considère comme un véritable héros national.

ARRIMAGE

Les arrimages, véritables « rendez-vous spatiaux », sont d'une grande utilité : ils permettent de récupérer et de réparer un SATELLITE en ORBITE, de ravitailler une STATION ORBITALE et de réaliser des remplacements d'ASTRONAUTES à bord de ces stations.

Le premier arrimage en orbite est l'œuvre des astronautes américains Neil Armstrong et David Scott à bord du vaisseau *Gemini 8*, en mars 1966. D'autres arrimages eurent lieu lors des missions lunaires Apollo, lorsque les deux astronautes revenant de la surface lunaire à bord du LEM (le module lunaire) rejoignaient leur camarade resté seul en orbite à bord du module de service, avant le retour de toute l'équipe sur la TERRE.

Bien entendu, ces manœuvres de deux véhicules en orbite demandent une précision parfaite et ne sont pas sans danger pour les astronautes, compte tenu des masses importantes mises en jeu (plusieurs dizaines à plusieurs centaines de tonnes), évoluant à très grande vitesse et qui doivent !être ralenties et se positionner au millimètre près. Peu avant la fin de l'utilisation de la station orbitale russe MIR, le 25 juin 1997, une

grave collision eut lieu avec le vaisseau de ravitaillement *Progress M-34*. Lors de l'essai d'une nouvelle procédure manuelle d'arrimage, le vaisseau est venu percuter de plein fouet la face éclairée d'un panneau solaire d'un des modules de la station, avant de heurter violemment le module lui-même en y provoquant une brèche et une fuite immédiate d'oxygène. Cet accident suscita quelques angoisses au sein de l'équipage, déjà bien préoccupé par les difficiles conditions de vie à bord de la station vieillissante.

ASTÉROÏDE

Ce sont des cailloux, plus ou moins gros, qui flottent dans l'espace et tournent autour du SOLEIL, comme les PLANÈTES.

Les plus gros astéroïdes atteignent quelques milliers de kilomètres de diamètre. La plupart circulent entre les ORBITES de MARS et de JUPITER, dans ce qu'on appelle la ceinture principale d'astéroïdes. D'autres, comme PLUTON, tournent au-delà de NEPTUNE, dans la ceinture de Kuiper.

Certains astéroïdes peuvent entrer en collision avec les planètes et même avec la TERRE. Ainsi, il y a 65 millions d'années environ, la chute d'un gros astéroïde de 10 km de diamètre a probablement causé la disparition des dinosaures. Plus récemment, le 30 juin 1908, c'est peut-être un astéroïde de 100 m de diamètre qui a dévasté plus de 2 000 km^2 de forêt en Sibérie.

ASTRE

On appelle astre tout corps lumineux visible à l'œil nu dans le ciel, qu'il soit fixe ou mobile, brillant ou non. Ainsi le SOLEIL, la LUNE, les ÉTOILES, les PLANÈTES, les GALAXIES, les NÉBULEUSES, les COMÈTES, les ASTÉROÏDES... sont des astres. L'ASTRONOMIE est la science qui étudie les astres.

ASTROLABE

L'astrolabe est un instrument astronomique inventé dans l'Antiquité, vraisemblablement par l'ASTRONOME grec Hipparque, et

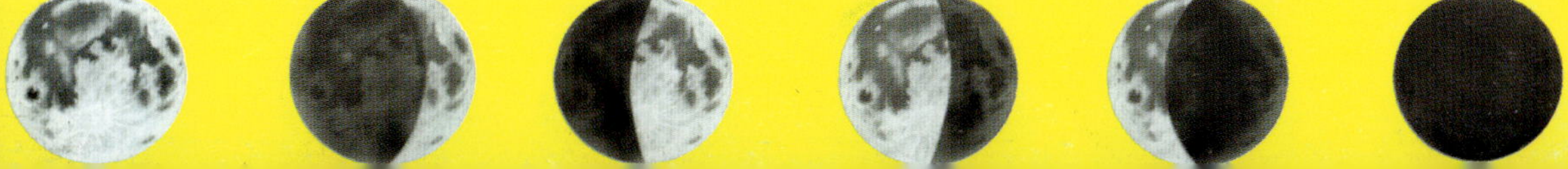

très utilisé au Moyen Âge par les astronomes arabes. Principal instrument de repérage des navigateurs entre le XVIe et le XVIIIe siècle, il permet de mesurer la hauteur de l'**ASTRE** pointé, au-dessus de l'horizon, et de déterminer exactement la position où l'on se trouve, sur **TERRE**, en mesurant la position des astres dans le ciel. Le plus ancien astrolabe, conservé au Musée national du Koweït, date de 927-928 apr. J.-C.Véritable carte du ciel tournante, l'instrument se présente en deux parties : une plateau fixe gradué (le tympan) et une plaque découpée (l'araignée) tournant dessus autour d'un pivot, situé au centre. Un bras tournant (l'alidade) est parfois attaché au centre et utilisé comme viseur.

ASTROLOGIE

L'astrologie part du principe que le caractère et le comportement d'une personne, et même son avenir, sont déterminés à l'heure de sa naissance par la position des **PLANÈTES** visibles dans le ciel. Elle est souvent confondue avec l'**ASTRONOMIE** qui, elle, s'occupe de l'observation et de l'étude des **ASTRES**, sans y voir de lien avec les événements de la vie des hommes. L'une des raisons de la confusion entre astrologie et astronomie vient du fait que, dans l'Antiquité, les astronomes pratiquaient l'astrologie. En observant les astres, ils prédisaient l'avenir des rois, leur indiquaient les

chances de réussite de leurs entreprises (guerres, conquêtes, alliances, mariages...). Mais, au fil des siècles, l'étude approfondie des astres et les découvertes concernant l'UNIVERS ont démontré que l'astrologie n'avait aucun fondement scientifique. Les astronomes ont donc cessé de s'occuper d'astrologie, et seuls les astrologues la pratiquent encore.

ASTRONAUTE

(VOIR L'ENTRAÎNEMENT DES ASTRONAUTES PP.22-23)

Les astronautes sont les « navigateurs des ASTRES », des femmes et des hommes envoyés dans l'espace pour tourner autour de la TERRE, voyager vers la LUNE et, bientôt peut-être, vers d'autres PLANÈTES. On utilise généralement le mot astronaute pour les Américains (Neil ARMSTRONG, Edwin Aldrin, Mike Collins...), cosmonaute pour les Russes (Youri GAGARINE, Valentina TERECHKOVA...), spationaute pour les Français (Jean-Loup Chrétien, Patrick Baudry, Claudie HAIGNERÉ...), et même taïkonaute pour les Chinois. Actuellement, plus de 200 personnes ont volé au moins une fois dans l'espace.

ASTRONOMIE

L'astronomie existait déjà près de 10 000 ans av. J.-C. à Babylone, en Égypte, puis plus tard en Chine, en Grèce... Au Moyen Âge, ce sont les Arabes qui ont amélioré, et nous ont transmis, les connaissances de ces savants du passé.

L'astronomie est l'étude scientifique des ASTRES. Mais tous les astronomes ne s'intéressent pas à la même chose. Certains s'occupent de la position et du mouvement des astres. D'autres étudient la mécanique céleste : ils cherchent à comprendre les mouvements des PLANÈTES. Les planétologues comparent la composition de l'intérieur des planètes, de leur surface, de leur ATMOSPHÈRE. Les astrophysiciens étudient les ÉTOILES, les NÉBULEUSES, les GALAXIES... Les cosmologistes observent l'UNIVERS dans son ensemble et cherchent à comprendre son passé et son avenir. Une nouvelle branche de

L'ENTRAÎNEMENT DES ASTRONAUTES

Entraînement et contrôles lors d'un effort.

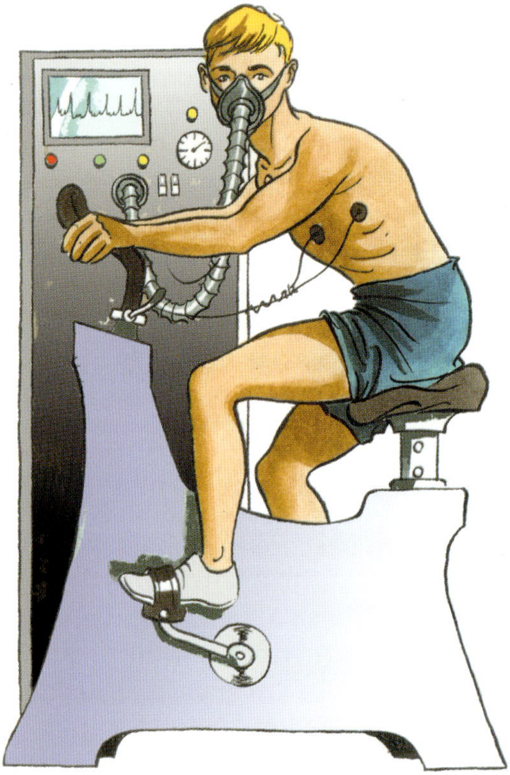

L'entraînement en piscine simule les situations de faible pesanteur.

L’airbus A300 utilisé par l’ESA
place les astronautes
en apesanteur totale pendant
une vingtaine de secondes.

« La centrifugeuse » habitue
les astronautes à l’accélération
très violente
du décollage d’une fusée.

l'astronomie a vu le jour tout récemment : l'exobiologie. Les spécialistes de cette science étudient les conditions nécessaires pour que la vie apparaisse et se développe, pour tenter de répondre un jour aux grandes questions : « Y a-t-il de la vie ailleurs que sur la Terre ? Où ? Sous quelle forme ? »

ATMOSPHÈRE

Certains astres (comme le SOLEIL, les ÉTOILES), certaines PLANÈTES et les plus gros SATELLITES, ainsi que les COMÈTES, sont entourés d'une couche de gaz plus ou moins épaisse que l'on appelle leur atmosphère.

L'atmosphère des étoiles est composée en majorité d'HYDROGÈNE. L'atmosphère des planètes est plus variée. Les grosses planètes – JUPITER, SATURNE, URANUS et NEPTUNE – possèdent des atmosphères si épaisses que la partie gazeuse est beaucoup plus importante que le noyau rocheux qui se trouve en dessous. Voilà pourquoi on les appelle les planètes gazeuses. Leur atmosphère est composée d'hydrogène, d'hélium et de méthane. Les petites planètes – la TERRE, VÉNUS, MARS et MERCURE – présentent une couche atmosphérique plus mince. Seule celle de la Terre est respirable par l'homme car elle est composée en majorité d'azote et d'OXYGÈNE.

ATOME

Toute la matière qui existe est répartie en différents éléments : le fer, le soufre, l'hélium, l'HYDROGÈNE, etc. L'atome est la plus petite quantité de chaque élément de la matière : un atome de fer, de soufre, d'hélium, d'hydrogène... Un million d'atomes tiendrait dans l'épaisseur d'un seul cheveu ! Toute la matière de l'UNIVERS est composée d'ato-mes. Chaque atome possède un noyau et des électrons qui tournent autour du noyau. L'atome le plus simple, celui de l'hydrogène, n'a qu'un seul électron ; l'hélium en a deux. De tous ceux que nous connaissons, l'atome d'uranium est le plus riche en électrons.
Les atomes peuvent s'assembler entre eux pour former des molécules : ainsi, deux atomes d'hydro-

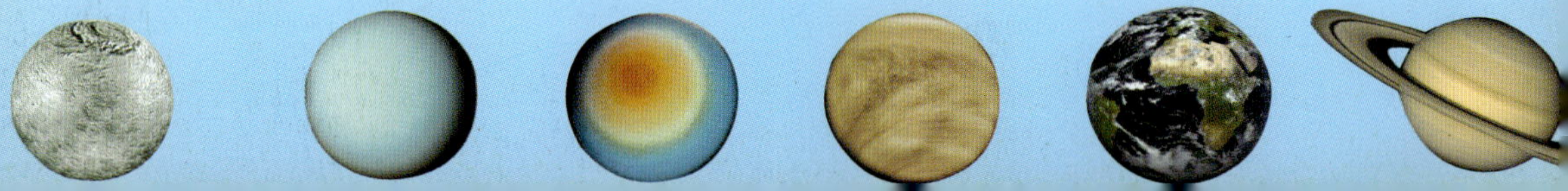

gène + un atome **D'OXYGÈNE** = une molécule d'eau.

BIG-BANG

Le big-bang (grand boum) est l'explication généralement admise de la naissance de l'**UNIVERS**.

Les astronomes supposent qu'il y a 13 milliards d'années environ une monumentale explosion s'est produite partout. Les noyaux des atomes sont nés dans les quelques minutes qui ont suivi. Puis, ce sont les atomes eux-mêmes ainsi que la LUMIÈRE qui se sont formés, quelques centaines de milliers d'années plus tard. Enfin, les ÉTOILES et les GALAXIES sont apparues 1 milliard d'années plus tard, tout en continuant d'être emportées par le gonflement d'ensemble provoqué par l'explosion initiale. Aujourd'hui encore, les galaxies sont en mouvement et s'écartent les unes des autres. Ainsi, l'Univers est toujours en expansion.

BRAHE, TYCHO

(1546-1601)

Astronome danois du XVIe siècle, il est considéré comme l'un des meilleurs observateurs avant l'invention de la **LUNETTE** et du **TÉLESCOPE**.

Sur la petite île de Sven, Tycho Brahe fonde le premier OBSERVATOIRE astronomique moderne, d'où il peut découvrir une SUPERNOVA en 1572 et une COMÈTE en 1577. Ses observations des mouvements de la PLANÈTE MARS sont les plus précises de son époque. C'est en s'appuyant sur ce travail que Johannes KEPLER, son assistant, découvre en particulier que

les ORBITES des planètes ne sont pas rondes mais elliptiques (voir ELLIPSE).
Pourtant, Tycho Brahe n'acceptera jamais le système de COPERNIC, plaçant le SOLEIL, et non la TERRE, au centre de l'UNIVERS. Il propose un système mixte, avec la Terre au centre, autour de laquelle tournent la LUNE et le Soleil, emportant autour de lui les autres planètes et les comètes.

BRUNO, GIORDANO

(1548-1600)

Toute sa vie, il erre en Europe de ville en ville, enseignant la grammaire, l'ASTRONOMIE, la physique, les mathématiques, et fuyant les représentants de l'Église, à cause des idées qu'il défend et qui contredisent de nombreux dogmes chrétiens. Selon lui, l'UNIVERS est infini et peuplé d'une multiplicité de mondes semblables au nôtre. Il démolit les théories d'ARISTOTE, en particulier son hypothèse GÉOCENTRIQUE qui faisait de la TERRE le centre de l'Univers. Il soutient que le monde n'a plus de centre... et que Dieu est partout. Il réfléchit même à l'infiniment petit. Il est finalement arrêté à Venise par l'Inquisition, le grand tribunal de l'Église catholique, en 1592. Extradé à Rome en 1593, il y est torturé sans jamais renier ses convictions. Le 17 février 1600, ses bourreaux lui arrachent la langue pour l'empêcher de proférer des « paroles affreuses » et le brûlent en place publique.

CASSINI

La mission Cassini est une collaboration américano-européenne NASA-ESA, lancée le 15 octobre 1997 vers SATURNE et son SATELLITE TITAN.
Après un voyage de plus de 3,5 millions de kilomètres, s'est déroulée le 1er juillet 2004. Fin décembre 2004, le module *Huygens* se détachera de la SONDE pour aller se poser, mi-janvier 2005, 1 million de kilomètres plus loin, sur Titan, pendant que *Cassini* recueillera et transmettra les données, puis explorera Saturne, ses somptueux ANNEAUX et ses satellites, accomplissant un total de 74 ORBITES autour de la PLANÈTE géante. La mission a été baptisée en l'honneur du célèbre astronome

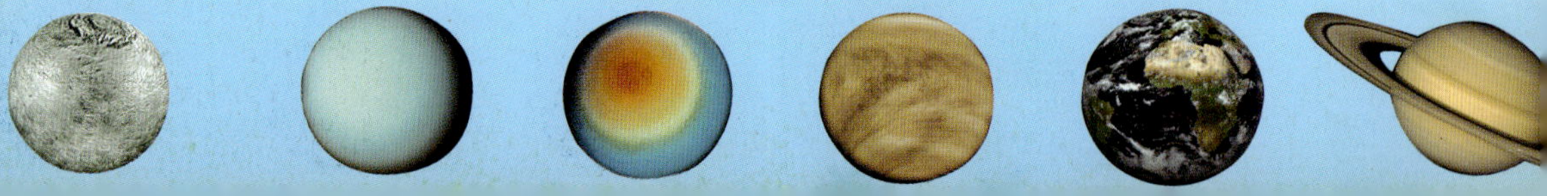

français d'origine italienne Jean-Dominique Cassini (1625-1712), à qui l'on doit la découverte, entre autres, de quatre satellites de Saturne. Il est aussi le premier à observer que le grand anneau visible depuis la TERRE semble en fait constitué de deux anneaux concentriques séparés par un grand vide, qui porte le nom de division de Cassini (1675). On sait aujourd'hui que ces anneaux sont eux-mêmes séparés en milliers d'anneaux concentriques, composés d'une infinité de poussières et de cailloux recouverts de glace.

CATALOGUE D'ÉTOILES

Pour se repérer dans le ciel parmi les milliers d'ÉTOILES visibles à l'œil nu, les astronomes ont tout d'abord choisi de classer les étoiles selon leur brillance.

Le premier catalogue, créé par HIPPARQUE au IIe siècle av. J.-C., comportait une liste d'un millier d'étoiles. Toutes étaient nommées et classées d'après leur position dans le ciel et réunies en six groupes, des plus brillantes aux plus faibles. Avec l'utilisation de la LUNETTE au XVIIe siècle, puis du TÉLESCOPE un siècle plus tard, des ASTRES nouveaux, invisibles à l'œil nu, furent découverts et les catalogues devinrent plus précis, plus volumineux et plus nombreux. Aujourd'hui, le nombre d'étoiles connues est considérable et les catalogues sont utilisés par les astronomes, le plus souvent sur ordinateur, pour classer les étoiles de toutes sortes de façons : selon leur brillance, leur couleur, leur température, leur distance, leur taille, leur MASSE, leur composition chimique, etc. Le satellite

Hipparcos a pu classer à lui seul 120 000 étoiles entre 1989 et 1993, et dresser un catalogue de position, luminosité et distance avec une précision encore jamais égalée.

COMÈTE

Ce sont des blocs de glace et de poussières de quelques kilomètres de diamètre.

Les comètes tournent autour du SOLEIL, comme les PLANÈTES et les ASTÉROÏDES. Mais leur trajet dans le SYSTÈME SOLAIRE diffère beaucoup de celui des planètes : au lieu de tourner en rond autour du Soleil, elles suivent une ORBITE longue et aplatie. De ce fait, elles se trouvent très près du Soleil pendant une période de quelques mois, puis elles s'en écartent pour un voyage de plusieurs dizaines ou même centaines d'années. Certaines vont ainsi jusqu'aux limites du système solaire. D'autres ne dépassent pas la région de NEPTUNE et de PLUTON et reviennent tous les vingt ans. La célèbre comète de HALLEY nous rend visite tous les soixante-seize ans.

Dans la partie lointaine de leur voyage, les comètes ne sont que de gros rochers gelés. Mais quand elles s'approchent suffisamment pour que le Soleil les réchauffe, la glace se transforme en gaz, formant un nuage qu'on appelle la « chevelure ». Les poussières et les gaz libérés par la glace forment une immense traîne : la queue de la comète.

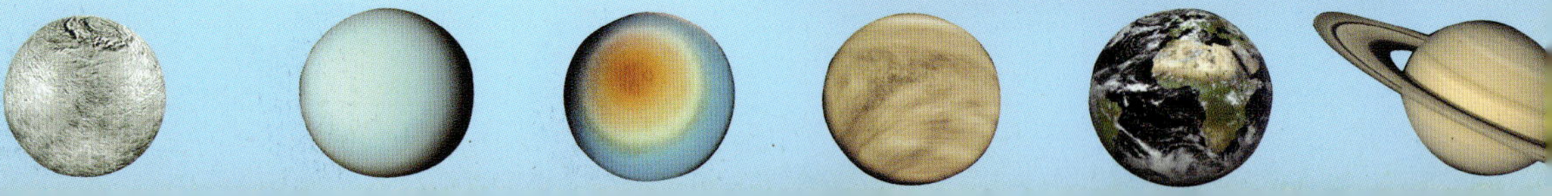

COMPTE À REBOURS

5, 4, 3, 2, 1, 0 … mise à feu !

En égrenant à haute voix et à l'envers les dernières secondes du compte à rebours jusqu'à l'allumage des moteurs de la FUSÉE, les ingénieurs responsables du programme spatial annoncent le temps qu'il reste avant le moment crucial du décollage. Dans la salle de contrôle, chacun retient son souffle et les applaudissements retentissent dès que le SATELLITE est placé en ORBITE. Le lancement est réussi !
Mais, en fait, le compte à rebours commence plusieurs jours avant le décollage. Ainsi, pour la fusée *Ariane 5*, c'est déjà entre J–22 et J–9 que les étages du lanceur sont assemblés et contrôlés dans le bâtiment d'intégration. De J–8 à J–3, dans le bâtiment d'assemblage final, les satellites que la fusée doit emporter sont testés et installés dans la coiffe (la soute à bagages) tout en haut de la fusée. Le jour J, le lanceur est acheminé sur son pas de tir : la rampe de lancement d'où elle doit décoller. Ce transport s'effectue sur des rails, très lentement pour éviter le basculement de la fusée : à la vitesse de 1 km/h ! À H–6h, le compte à rebours proprement dit est déclenché. À H–4h30, les réservoirs commencent à se remplir. Les six dernières minutes précédant le décollage sont entièrement gérées par ordinateur, sans aucune intervention humaine. Jusqu'au dernier moment, tout peut être remis en cause si la météo n'est pas bonne !

CONSTELLATION

Le ciel nocturne montre un fouillis de points lumineux dans lequel il est bien difficile de se repérer. Pour pouvoir retrouver certaines ÉTOILES et s'en servir comme points de repère (par exemple pour situer les PLANÈTES, les COMÈTES, etc.), les hommes y ont reconnu des formes d'animaux ou d'objets familiers. Ils ont ainsi constitué de petits groupes d'étoiles qui, pourtant, n'ont absolument aucun lien réel entre elles et qui peuvent même être très éloignées dans l'espace les unes des autres. Voilà comment sont nées la Grande OURSE et la Petite Ourse, Cassiopée, Orion, le Bouvier, ainsi que les constellations du ZODIAQUE : les Poissons,

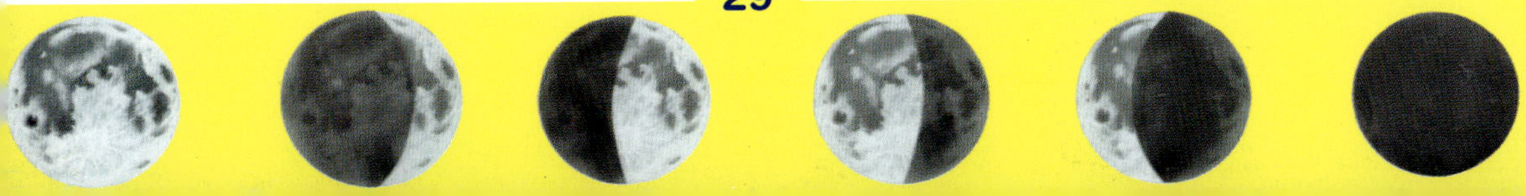

le Bélier, le Taureau, les Gémeaux, le Cancer, le Lion, etc. Il existe 88 constellations officiellement répertoriées. En général, l'étoile la plus brillante d'une constellation a reçu la lettre α (alpha), première lettre de l'alphabet grec, la deuxième la lettre β (bêta), la troisième la lettre γ (gamma), et ainsi de suite. Ainsi, Alpha du Centaure est l'étoile la plus brillante de la constellation du Centaure.

COPERNIC, NICOLAS

(1473-1543)

Le Polonais Nicolas Copernic est considéré comme le fondateur de l'ASTRONOMIE moderne.

Sa vision de l'UNIVERS est complètement nouvelle et très audacieuse pour son époque. L'idée principale consiste à inverser la position de la TERRE et du SOLEIL. Depuis plus de 1 500 ans, on pensait que la Terre était au centre de l'Univers. Copernic place le Soleil au centre et déclare que ce sont les planètes, dont la Terre, qui tournent autour de lui. La théorie de Copernic remet du même coup en cause l'idée, défendue par l'Église, de l'homme au centre d'un Univers créé pour lui par Dieu. Cela explique les réactions violentes qu'elle soulève pendant plus de deux siècles. GIORDANO BRUNO et GALILÉE, deux des plus grands défenseurs du modèle de Copernic, seront ainsi poursuivis par l'Inquisition, le tribunal de l'Église catholique.

COSMONAUTE

(VOIR LE COSTUME DE L'ASTRONAUTE PP.32-33)

Bien que l'Académie française ait officiellement adopté le terme spationautes pour désigner les voyageurs de l'espace, quelle que soit leur nationalité, l'usage réserve le terme de cosmonautes aux Russes, d'ASTRONAUTES aux Américains, de spationautes aux Français et, récemment, de taïkonautes aux Chinois. Le premier homme dans l'espace fut le cosmonaute YOURI GAGARINE, qui accomplit, le 12 avril 1961, une RÉVOLUTION autour de la TERRE à une distance entre 327 et 180 km d'altitude en 1 heure et 48 minutes, à bord du vaisseau *Vostok 1*. En 1963, la première femme dans l'espace fut la cosmonaute Valentina TERCHKOVA.

CRATÈRE

Les cratères sont des trous à la surface d'une planète ou d'un satellite. Soit ils ont été faits par en dessous : c'est ce qui se passe dans les volcans. Soit le sol a été creusé par-dessus, par exemple par la chute d'une MÉTÉORITE.

Sur la TERRE, mais aussi sur VÉNUS, MARS et IO, l'un des quatre plus gros satellites de JUPITER, on voit surtout des cratères volcaniques. Mars possède le plus grand volcan du SYSTÈME SOLAIRE : le mont Olympe, haut comme trois Everest l'un sur l'autre (27 km). On pense qu'il est inactif depuis 800 millions d'années. Sur la Terre, il existe de 500 à 600 volcans actifs. Sur Vénus, on a identifié plusieurs milliers de cratères volcaniques, dont 167 volcans de 100 à 700 km de diamètre.

Des cratères causés par la chute d'une météorite sont visibles sur la LUNE, sur MERCURE et sur la plupart des gros satellites. Même sur Terre, on observe des traces d'anciennes collisions. Ainsi, on a récemment repéré, au large du

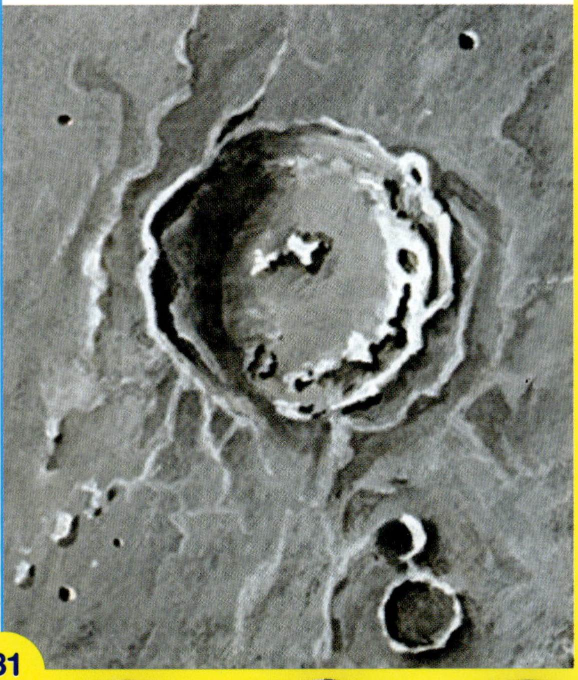

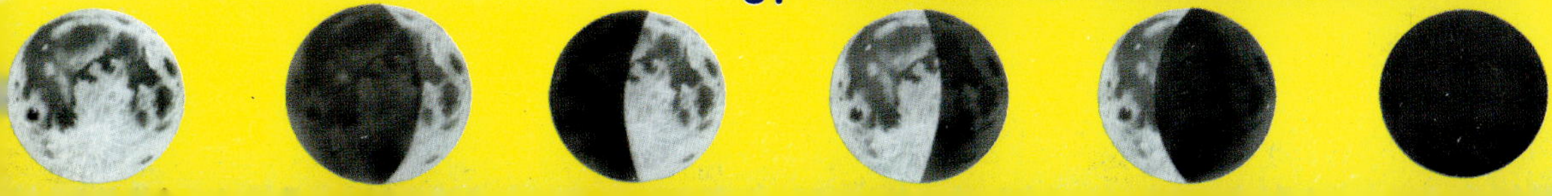

LE COSTUME DE L'ASTRONAUTE

Une fine pellicule d'or protège l'astronaute des rayonnements solaires dangereux.

La combinaison, composée des matières les plus modernes, est entièrement étanche.

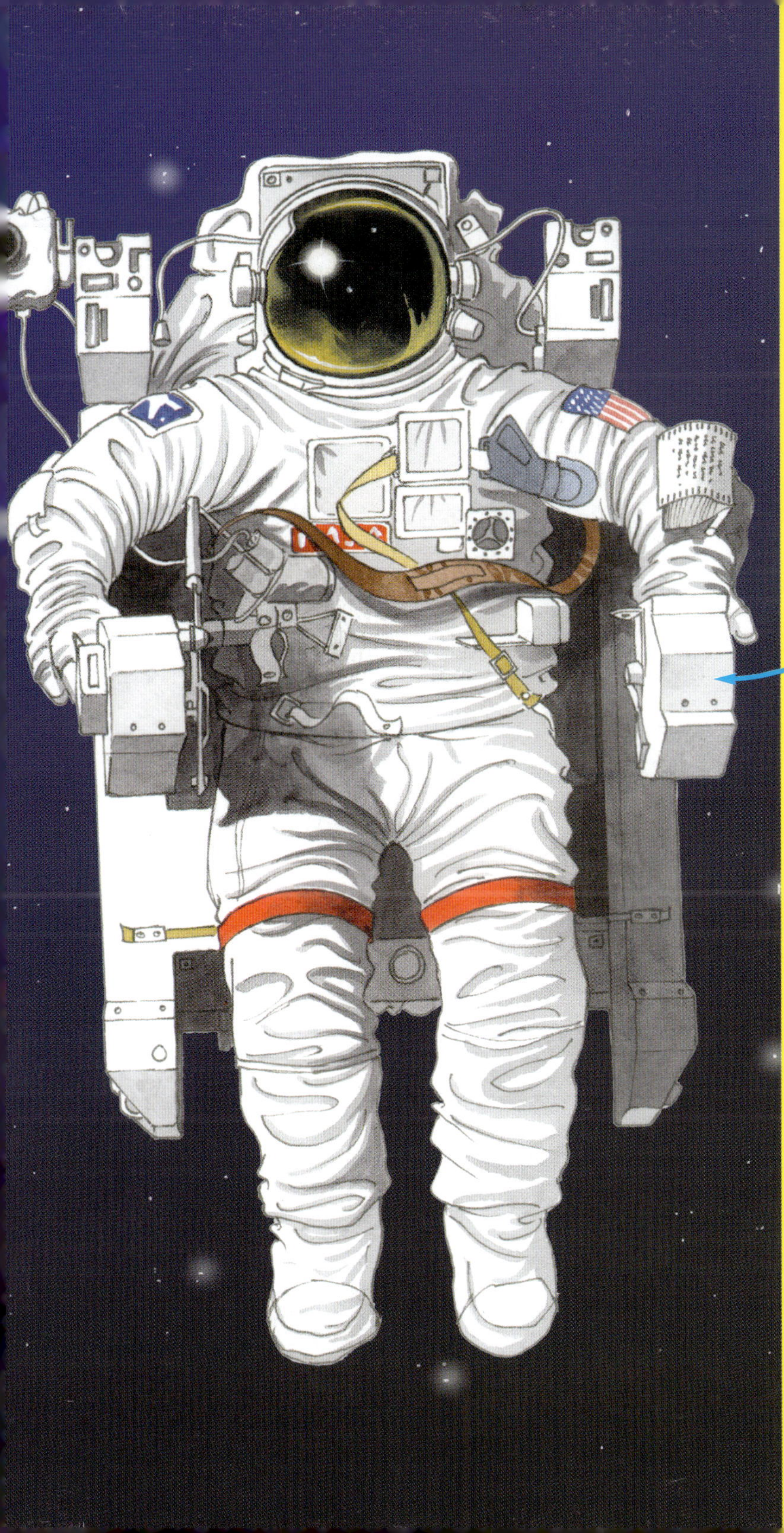

Le « scooter » de l'espace est une espèce de fauteuil permettant de se déplacer hors d'un vaisseau spatial. Ce moyen de transport est utilisé lors des réparations de **STATIONS ORBITALES**.

(Suite **CRATÈRE**)

Yucatán (Amérique centrale), un cratère de 300 km de diamètre. Comme il date de 65 millions d'années, la période de la disparition des dinosaures, on pense que c'est peut-être la chute d'une énorme météorite qui a causé la l'extinction de l'espèce.

ÉCLIPSE

Une éclipse se produit quand un **ASTRE** entre dans l'ombre d'un autre. Ainsi l'éclipse de **LUNE** se produit lorsque la **TERRE** s'interpose entre le **SOLEIL** et la Lune et que la Lune rentre dans l'ombre de la Terre. Lors de ces éclipses, notre **SATELLITE** prend une belle couleur rouge plus ou moins sombre.

On parle d'éclipse de Soleil lorsque la Lune, située entre le Soleil et nous, masque le Soleil. Comme la distance de la Lune à la Terre varie légèrement, le disque solaire est parfois entièrement caché (éclipse totale) ou seulement en partie : on parle alors d'éclipse annulaire. Quand la Terre, la Lune et le Soleil ne sont pas exactement alignés, l'éclipse est seulement partielle. La prochaine éclipse totale de Soleil visible en France ne se pro-

Éclipse de Lune.

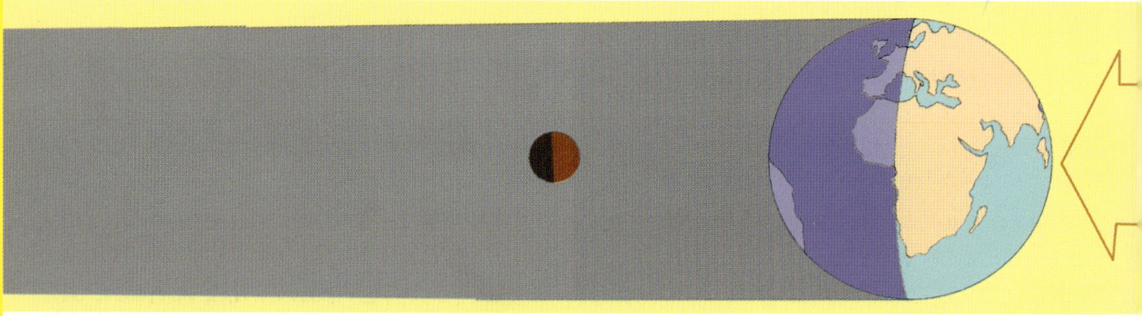

Éclipse de Soleil.

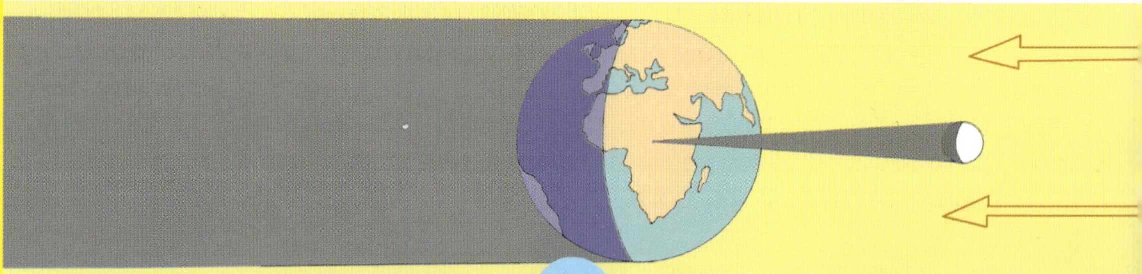

duira que le 3 septembre 2081 : avis aux amateurs !

EFFET DE SERRE

L'effet de serre est le résultat naturel du réchauffement de l'ATMOSPHÈRE par certains gaz (comme le gaz carbonique, le méthane, la vapeur d'eau ou l'ozone) qui retiennent la chaleur du SOLEIL près de la surface de la TERRE, un peu comme les vitres d'une serre qui captent la chaleur des rayons du Soleil. Sans l'effet de serre, la température à la surface de notre PLANÈTE serait de – 18 °C, l'eau n'existerait que sous forme de glace et la vie ne se serait certainement pas développée. Au cours du XXe siècle, l'activité des usines et l'utilisation de très nombreux véhicules polluants ont entraîné une augmentation des gaz dits « à effet de serre ». Certains scientifiques pensent que cela pourrait se traduire d'ici à 2100 par une augmentation de la température moyenne comprise entre 1,5 et 6 °C, selon les différentes méthodes de prévision. À l'heure actuelle, personne ne peut décrire avec certitude les conséquences de ces changements climatiques à long terme : fonte des glaces, hausse du niveau des mers, inondations, sécheresses, tempêtes, ralentissement des courants marins, manque d'eau potable, disparition de certaines espèces végétales et animales… toutes les hypothèses sont envisagées.

EINSTEIN, ALBERT

(1879-1955)

De ce physicien américain
d'origine allemande,
le grand public connaît surtout
la célèbre photo où il tire
la langue au photographe !

Les études de ce grand savant concernant la vitesse de la LUMIÈRE l'amènent à énoncer ses deux célèbres théories : celle de la RELATIVITÉ restreinte, fondée sur le fait qu'aucun objet matériel ne pourra jamais atteindre la vitesse de la lumière (300 000 km/s) ; et celle de la relativité générale, qui précise que les corps déforment l'espace dans lequel ils se trouvent, comme une balle qui, posée

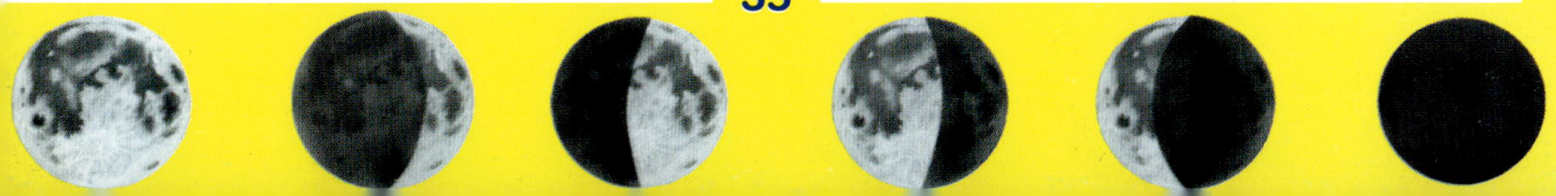

sur un drap tendu, forme une « cuvette ». La relativité générale constitue une explication et un prolongement de la GRAVITATION universelle d'Isaac NEWTON, car elle explique pourquoi les gros corps (comme notre SOLEIL) semblent attirer les petits (comme notre TERRE) : si on pose une petite bille sur le même drap que la grosse balle, elle glissera sur la pente vers la balle et vers le fond de la cuvette. Il se passe la même chose dans l'espace : notre Soleil déforme l'espace et les PLANÈTES sont attirées dans la « cuvette » du SYSTÈME SOLAIRE.

Les théories d'Einstein ont été vérifiées à de nombreuses reprises par les observations.

ELLIPSE

Les PLANÈTES ne tournent pas en rond ! Jusqu'au XVIIe siècle, on pensait qu'elles décrivaient un cercle parfait autour du SOLEIL. On sait maintenant, grâce aux calculs de l'astronome Johannes KEPLER basés sur les observations très précises de TYCHO BRAHE, que la forme de leur ORBITE est aplatie : c'est une ellipse.

ÉQUATEUR

L'équateur est une ligne imaginaire entourant une PLANÈTE, comme une ceinture sur un gros ventre. Ce cercle est perpendiculaire à l'axe, imaginaire lui aussi, qui passe par le centre de la planète et rejoint les deux pôles. Sur TERRE, l'équateur passe par le continent africain (Gabon, Congo, Zaïre, Ouganda, Kenya, Somalie), traverse l'océan Indien jusqu'à l'Indonésie, puis l'océan Pacifique jusqu'aux îles

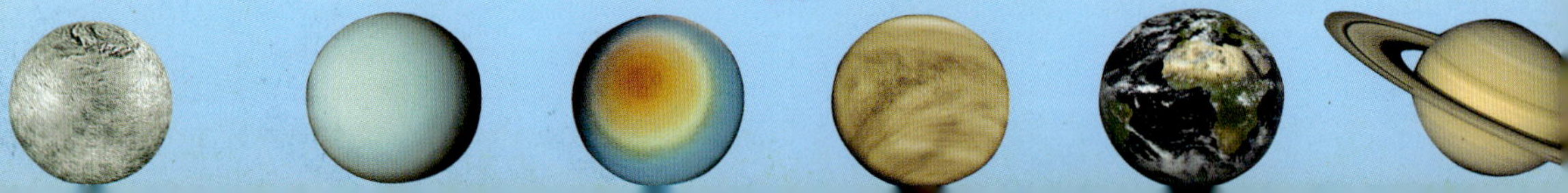

Hémisphère Nord à plat vu du dessus.

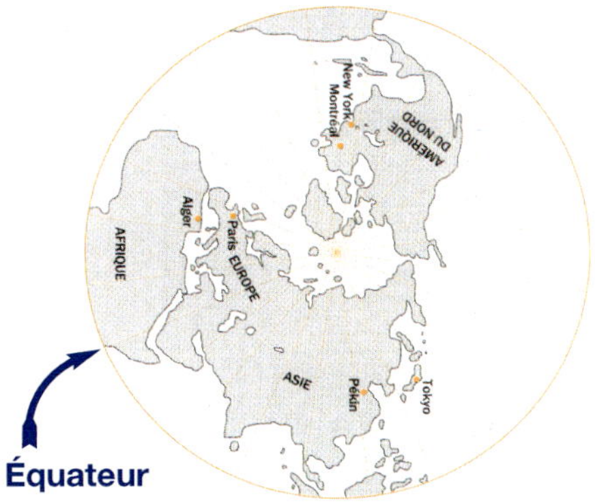

Galapagos et à l'Amérique du Sud (Équateur, Colombie, Brésil), avant de franchir l'océan Atlantique jusqu'aux côtes de l'Afrique de l'Ouest.

ÉRATOSTHÈNE

(276 AV. J.-C.–194 AV. J.-C.)

Astronome, géographe, philosophe et mathématicien grec du IIIe siècle av. J.-C., il dirige la grande bibliothèque d'Alexandrie en 240 av. J.-C.

Ératosthène met au point des tables de calcul permettant de prévoir les ÉCLIPSES et rédige un catalogue de 675 étoiles. Il est également l'un des tout premiers à penser que la TERRE est ronde et le premier à calculer sa circonférence de façon presque exacte (40 000 km). En profitant des éclipses de LUNE, il tente également de mesurer la distance Terre-Lune et la distance Terre-SOLEIL.
Il apporte aussi une contribution majeure à la géographie en réalisant la première carte du monde connu (de l'Irlande à l'Inde et de la Norvège à la Somalie), comportant des coordonnées de latitude et de longitude.

ÉRUPTION SOLAIRE

Les réactions nucléaires du cœur du SOLEIL produisent une énergie très intense qui dégage de la LUMIÈRE et déclenche des éruptions à la surface de notre ÉTOILE. Ces éruptions provoquent des éjections de gaz, de matière, de particules et de rayonnement si violentes qu'elles peuvent entraîner sur TERRE des perturbations dans les liaisons radio.
L'une des plus importantes éruptions solaires jamais enregistrées s'est déroulée le 4 novembre 2003. Celle du 28 octobre précédent avait produit un nuage de particules 13 fois plus gros que la Terre, traversant le SYSTÈME SOLAIRE à

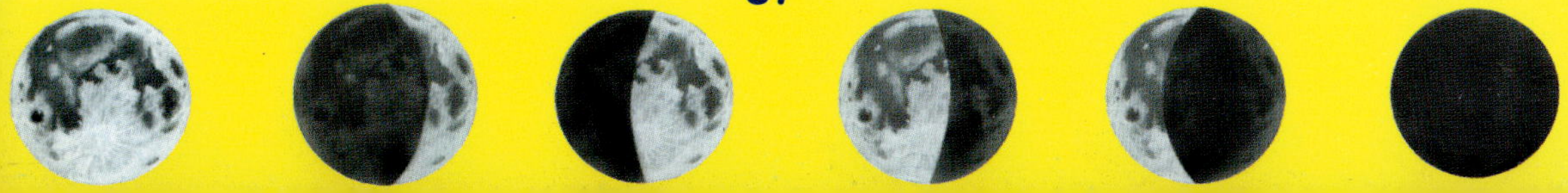

une vitesse supérieure à 1,6 million de kilomètres par heure. Le 21 avril 2002, l'un des systèmes de communication de la SONDE japonaise *Nozomi*, lancée en 1998 vers la planète MARS, avait déjà été mis hors d'usage par la décharge d'énergie d'une éruption solaire. En cas de forte éruption solaire, l'équipage de la station spatiale internationale ISS a l'ordre de se mettre à l'abri dans le module de service russe *Zvezda*, très protégé contre les radiations.

ESA

L'Agence spatiale européenne (European Space Agency en anglais) comprend 15 États membres : l'Autriche, la Belgique, le Danemark, la Finlande, la France, l'Allemagne, l'Irlande, l'Italie, les Pays-Bas, la Norvège, le Portugal, l'Espagne, la Suède, la Suisse et le Royaume-Uni. Le Canada et la Hongrie participent également à quelques projets en coopération.

Le siège de l'ESA se trouve à Paris. Différents centres se répartissent en Europe : l'ESTEC, centre européen de recherche et de technologie spatiales, se trouve à Noordwijk aux Pays-Bas ; on y conçoit la plupart des vaisseaux spatiaux européens. L'ESOC, centre européen d'opérations spa-

À Kourou.

tiales, se trouve à Darmstadt, en Allemagne ; on y contrôle les SATELLITES situés en ORBITE. L'EAC, centre européen des astronautes, se trouve à Cologne, en Allemagne ; on y forme les spationautes aux futures missions. Enfin, l'ESRIN, institut européen de recherches spatiales, est situé à Frascati, en Italie ; on y collecte et stocke les données recueillies par les satellites, pour pouvoir les distribuer aux différents pays partenaires. En charge du programme spatial européen depuis 1975, l'ESA emploie près de 2 000 personnes. La base de lancement de l'ESA se trouve à KOUROU, en Guyane française, d'où s'envolent les fusées ARIANE.

ESPACE INTERSTELLAIRE

L'espace interstellaire est ce qui sépare les ÉTOILES dans la GALAXIE. C'est presque du vide : on y rencontre un ATOME seulement par centimètre cube. Mais du gaz (HYDROGÈNE et HÉLIUM) et des poussières y flottent. Dans certaines régions de l'espace interstellaire, les atomes de gaz peuvent parfois se regrouper en NÉBULEUSES, de grands nuages 100 000 fois plus concentrés que dans le vide interstellaire.

ÉTOILE

Les étoiles sont des soleils, de gigantesques boules de gaz en FUSION. La température de leur surface peut atteindre 40 000 degrés et celle de leur cœur 15 millions de degrés. À de telles températures, le gaz qui compose le cœur de l'étoile, l'HYDROGÈNE, se transforme progressivement en HÉLIUM, carbone, azote, oxygène, fer…

Les étoiles sont donc les usines de l'espace, où se fabrique une bonne part de la matière que nous retrouvons sur TERRE, tout autour de nous. Notre corps lui-même, qui contient du carbone, de l'OXYGÈNE, etc., comprend de la matière produite dans les étoiles : nous sommes les « enfants des étoiles ».
Les étoiles naissent, vivent et meurent. Elles naissent lorsqu'un nuage de gaz et de poussières se

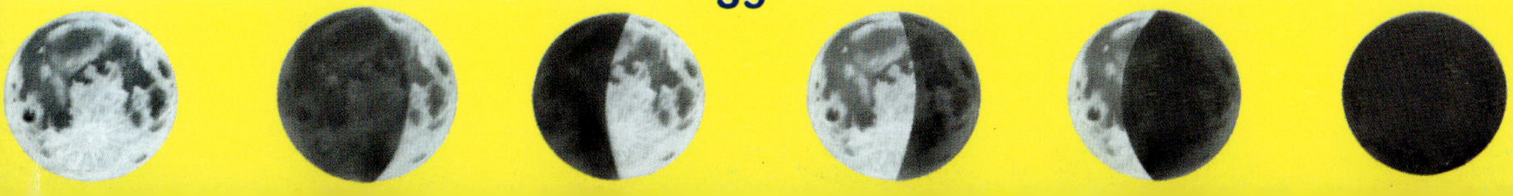

contracte et s'échauffe. Cela se déclenche lorsque la matière de l'extérieur est attirée par celle du centre, plus massive, comme le centre de la Terre nous attire. Cela prend des millions d'années. Jusqu'à ce que la chaleur au centre devienne si forte que l'« usine » de transformation nucléaire finisse par se mettre en marche.

Les étoiles passent ensuite leur vie à brûler tout leur gaz. Puis elles peuvent connaître deux destins : soit elles grossissent et deviennent des GÉANTES ROUGES avant de se contracter de nouveau pour devenir des NAINES BLANCHES ; soit elles deviennent des SUPERGÉANTES avant d'exploser en SUPERNOVAE.

ÉTOILE FILANTE

Lorsque les COMÈTES se rapprochent du SOLEIL, elles se vaporisent et laissent derrière elles une infinité de poussières jusque-là emprisonnées dans la glace. Quand la TERRE, en tournant autour du Soleil, est amenée à croiser ces poussières, celles-ci pénètrent dans l'atmosphère à la

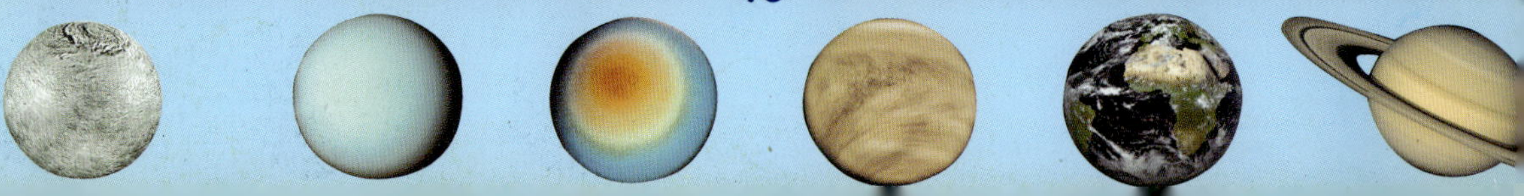

vitesse de plusieurs kilomètres par seconde et s'enflamment. Du sol, nous voyons alors une pluie d'étoiles filantes. Celle que nous observons chaque année à la mi-octobre a pour origine les poussières laissées dans son sillage par la **COMÈTE** de **HALLEY**.

ÉTOILE POLAIRE

C'est la seule **ÉTOILE** dans le ciel de l'hémisphère Nord qui semble ne pas bouger, car elle est située presque exactement dans le prolongement de l'axe de **ROTATION** de la **TERRE**, en direction du nord. Les marins s'en servaient autrefois comme d'une boussole… ainsi que les chameliers du désert.

On repère l'étoile Polaire à l'extrémité de la queue de la Petite **OURSE**, car c'est l'étoile la plus brillante de cette petite **CONSTELLATION**. Pour la reconnaître avec certitude, il faut relier la queue de la Grande Ourse au grand W de Cassiopée : l'étoile Polaire se trouve à mi-distance. Située à environ 430 **ANNÉES-LUMIÈRE** de la Terre, l'étoile Polaire est une étoile variable **SUPERGÉANTE**, 2 400 fois plus lumineuse que le **SOLEIL**.

EXTRATERRESTRE

Extraterrestre désigne tout ce qui ne provient pas de la Terre.

Nos lointains ancêtres imaginaient déjà que la Terre n'était pas la seule planète à être habitée, puisqu'ils considéraient le ciel comme le royaume des dieux. À partir du XVIe siècle, certains astronomes et philosophes commencèrent à penser que la Terre n'était pas le centre de l'**UNIVERS**, comme on le croyait jusqu'alors. Grâce à la **LUNETTE** de **GALILÉE**, ils purent observer la diversité des autres **ASTRES** (**SOLEIL**, **LUNE** et **PLANÈTES**) et émirent l'hypothèse que certains de ces mondes pouvaient être, eux aussi, habités!
La formidable aventure de la conquête de l'espace, après la Seconde Guerre mondiale (1939-1945), a contribué à développer l'imagination collective, permettant aux auteurs de science-fiction d'inventer les « extraterrestres », êtres

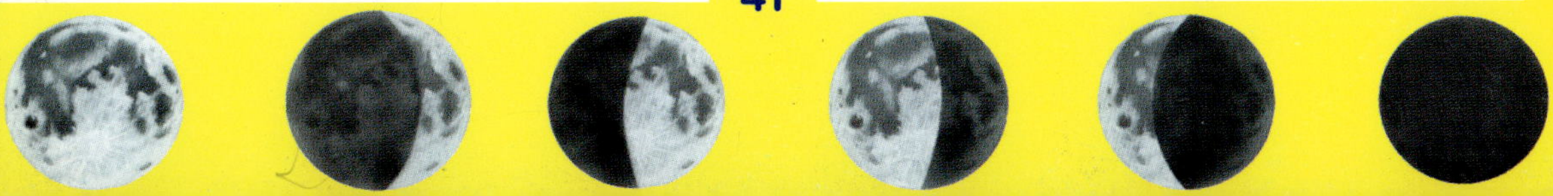

vivants la plupart du temps intelligents, provenant des autres planètes du **SYSTÈME SOLAIRE** ou de plus loin. Tout le monde se souvient de la tête grise et des gros yeux d'E.T., le personnage si attachant de Spielberg dans le film qui porte son nom. En 1984, les astronomes ont lancé un programme de recherche d'une intelligence extraterrestre (SETI : *Search for ExtraTerrestrial Intelligence*), sous l'impulsion du célèbre astronome américain Carl Sagan. Toujours en cours, ce projet a pour but de détecter les signaux émis, volontairement ou non, par une intelligence extraterrestre. Pour ce faire, les chercheurs analysent les ondes radio provenant de l'espace, captées par l'antenne géante d'**ARECIBO**... pour l'instant sans résultats.

FUSÉE

(VOIR LES FUSÉES ET LA NAVETTE PP.44-45)

La fusée, appelée aussi lanceur, est l'engin spatial utilisé pour envoyer dans l'espace des **SONDES**, des **SATELLITES**, des **NAVETTES**, des vaisseaux habités...

Elle ressemble à un cigare effilé de plusieurs centaines de tonnes. Elle décolle depuis la **TERRE**, verticalement, grâce à ses moteurs à réaction : d'énormes quantités de gaz éjectées à très grande vitesse vers le bas poussent le corps de la fusée vers le haut et lui permettent de s'arracher à l'attraction terrestre. La fusée est divisée en plusieurs étages. Des réservoirs de combustible occupent les étages du bas, qui se détachent les uns après les autres, dès qu'ils sont

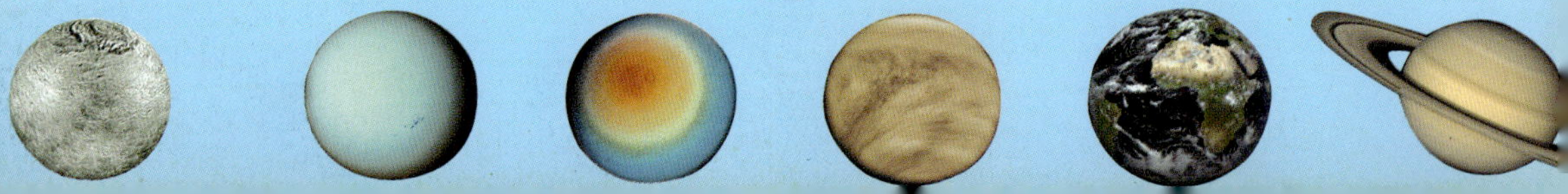

vides. Ils se désintègrent alors dans l'**ATMOSPHÈRE** ou retombent au sol dans des zones désertiques, ou dans la mer, et seule la coiffe (le « porte-bagages » de la fusée) continue le voyage : elle contient les appareils automatiques ou les vaisseaux habités à emporter dans l'espace. Au moment de la mise en **ORBITE** des satellites, la coiffe plonge à son tour dans l'atmosphère, où elle se désintègre. Ainsi, contrairement à ce qui se passe pour les navettes, aucun élément de la fusée n'est récupéré.
Les premières fusées américaines étaient des missiles militaires (emportant des bombes) mis au point pendant la Seconde Guerre mondiale (1939-1945).
ARIANE est le lanceur utilisé par l'Europe depuis 1979, décollant de la base de lancement de **KOUROU**, en Guyane française.

FUSION NUCLÉAIRE

Toute la matière est composée d'**ATOMES**, des particules minuscules qui comportent un noyau. Dans certaines conditions, deux noyaux peuvent se regrouper pour former un noyau plus lourd : c'est une fusion nucléaire. Les hommes ont réussi à provoquer cela de façon artificielle dans leurs laboratoires. Mais ils sont encore loin de maîtriser parfaitement le principe. Dans l'**UNIVERS**, cela ne se produit de façon naturelle que dans le cœur des **ÉTOILES**.
La transformation produit toujours de l'énergie : ainsi nos centrales nucléaires nous fournissent de l'électricité. Dans les étoiles, l'énergie libérée s'échappe sous forme de rayons lumineux. Voilà pourquoi les étoiles brillent.

GAGARINE, YOURI
(1934-1968)

Premier homme envoyé dans l'espace.

Commandant de l'armée de l'air soviétique, Youri Alexeïevitch Gagarine accomplit le 12 avril 1961 un vol de 1 heure et 48 minutes en **ORBITE** autour de la **TERRE**, à bord du vaisseau *Vostok 1*. Ce simple vol a un retentissement international considérable puisque les Américains, ayant perdu la première étape de la course vers

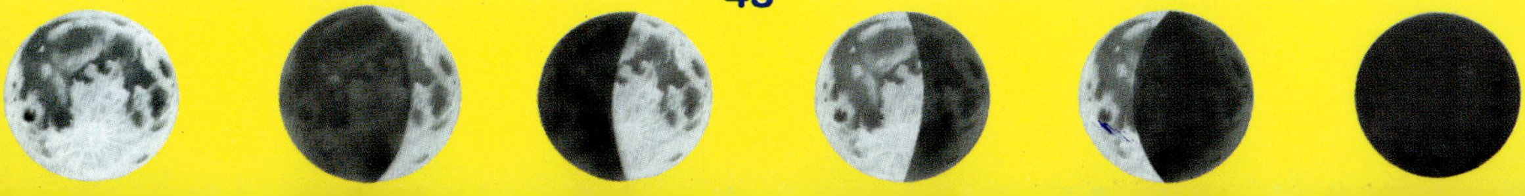

LES FUSÉES ET LA NAVETTE

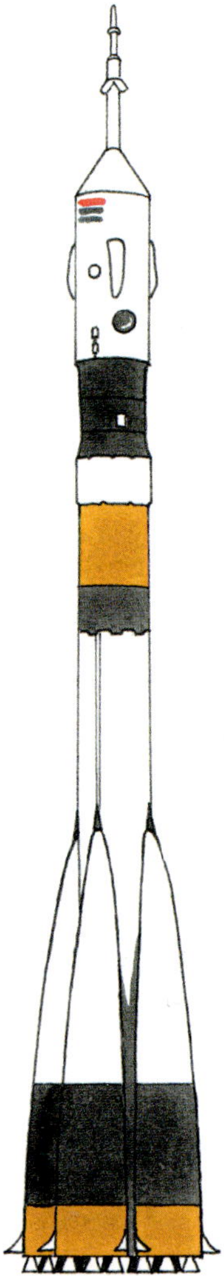

**Soyouz,
le vaisseau russe.**

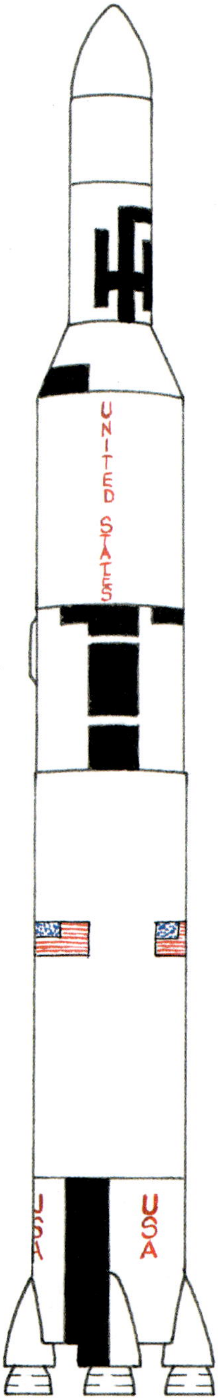

**La fusée russe Saturn V,
haute comme un immeuble
de 35 étages !**

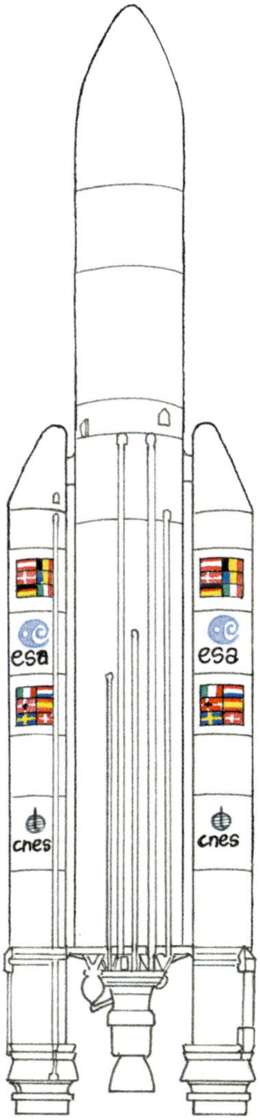

Le lanceur européen ARIANE V,
dont la grande coiffe peut emporter
plusieurs satellites en un seul vol.

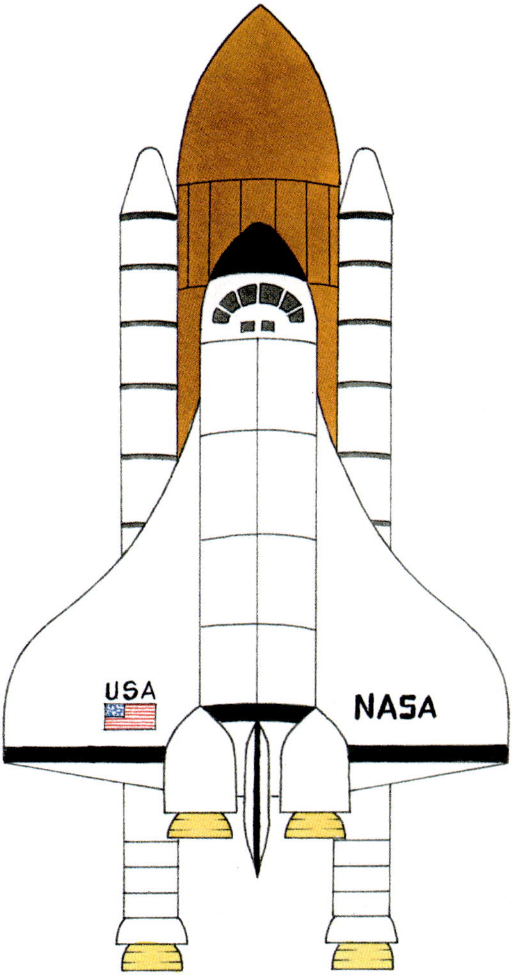

La navette américaine :
c'est la seule à pouvoir revenir se poser
sur TERRE.

l'espace, s'engagent dès lors dans la course à la LUNE, qu'ils gagnent en juillet 1969 avec les premiers pas de Neil ARMSTRONG sur notre SATELLITE naturel. Promu sous-directeur du centre d'entraînement des COSMONAUTES de 1963 à 1968, Gagarine ne sera jamais autorisé à accomplir un second vol, les autorités soviétiques craignant de perdre leur héros national, considéré comme le premier citoyen de l'UNIVERS. Mais le hasard se moque de ces précautions : Gagarine trouve la mort en avion lors d'une banale mission d'entraînement à l'âge de 34 ans. Il est enterré au Kremlin, sanctuaire des héros soviétiques, lors de funérailles nationales.

GALAXIE

Une galaxie est un ensemble de centaines de milliards d'ÉTOILES, de nuages de gaz et de poussières.

Notre galaxie fait penser à un gigantesque disque de 100 000 ANNÉES-LUMIÈRE de diamètre environ, lancé dans l'espace et tournant sur

Galaxie d'Andromède.

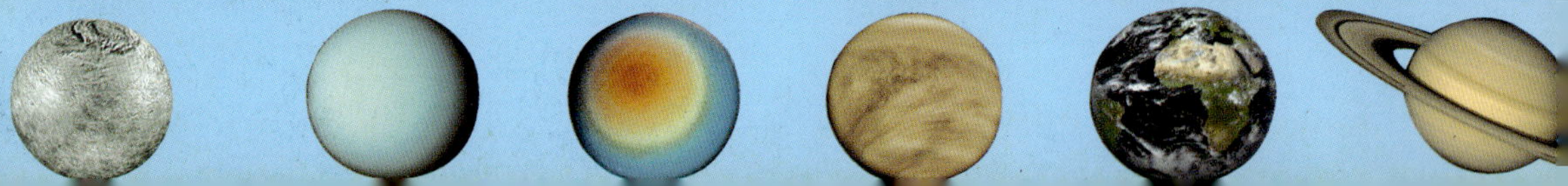

lui-même. Selon leur forme, on distingue les galaxies elliptiques (de forme ovale), les galaxies spirales et les galaxies irrégulières. La **VOIE LACTÉE**, notre propre galaxie, est une spirale : elle ressemble à une hélice, avec de grands bras incurvés qui se rejoignent au centre.

GALILÉE

(1564-1642)

(VOIR LE PROCÈS DE GALILÉE PP.48-49)

Astronome, mathématicien
et physicien italien
du XVIe siècle.

Galileo Galilei, dit Galilée, réalise, en 1609, les premières observations astronomiques au moyen d'une petite **LUNETTE** de sa fabrication. Il découvre que la surface de la **LUNE** n'est pas lisse, mais recouverte de cratères et que **VÉNUS** connaît des **PHASES**, comme la Lune. En 1610, il découvre également les quatre **SATELLITES** principaux de **JUPITER** : **IO**, Europe, **GANYMÈDE** et Callisto. Leur mouvement autour de Jupiter constitue pour lui une preuve de plus que la Terre n'est pas le centre de tous les mouvements célestes. En publiant son livre *Le Messager des étoiles*, Galilée soutient ouvertement la théorie de **COPERNIC** selon laquelle le **SOLEIL**, et non la **TERRE**, est au centre du mouvement des **PLANÈTES**. Poursuivi par l'Église en 1616 pour ses thèses jugées hérétiques, c'est-à-dire contraires aux enseignements de l'Église, il publie pourtant, en 1632, son *Dialogue sur les deux principaux systèmes du monde* où il critique les théories d'**ARISTOTE** et où il affirme que la Terre n'est pas immobile. Accusé de défendre les théories de Copernic malgré l'interdiction de 1616, il est condamné à signer une rétractation officielle au cours du procès historique de 1632, pendant lequel il aurait prononcé la célèbre phrase : « Et pourtant, elle tourne ! » Assigné à résidence près de Florence, il meurt presque aveugle dix ans plus tard.

GALILEO

Lancée en octobre 1989 par la **NAVETTE** américaine *Atlantis*, *Galileo*, baptisée ainsi en l'honneur de l'astronome **GALILÉE**, est

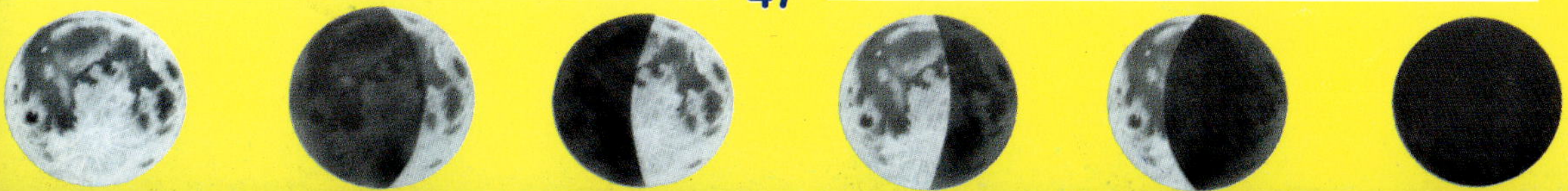

LE PROCÈS DE GALILÉE

Tableau du XIXᵉ siècle.

une SONDE automatique américaine destinée à l'exploration de JUPITER. Après avoir survolé VÉNUS en février 1990, puis la TERRE par 2 fois, la sonde *Galileo* atteint le système de Jupiter en juillet 1995. Au passage, elle photographie à distance la chute spectaculaire de la COMÈTE Shoemaker-Levy 9 dans l'ATMOSPHÈRE de Jupiter, en juillet 1994. Quelques semaines seulement après son arrivée aux abords de la PLANÈTE géante, la sonde largue un module destiné à étudier les caractéristiques de son atmosphère. Le vaisseau principal continue ses analyses et photographie à plusieurs reprises et à faible distance la planète et ses principaux SATELLITES. En particulier, il réalise des observations très détaillées des volcans de IO et de la banquise d'Europe. C'est aussi grâce aux analyses de *Galileo* que certains astronomes américains ont pu émettre l'hypothèse de l'existence d'un océan d'eau salée, profondément enfoui sous la surface de GANYMÈDE, le plus gros satellite de Jupiter. Le 21 septembre 2003, après quatorze ans de bons et loyaux services, les ingénieurs de la NASA décident de précipiter la sonde dans la haute atmosphère de Jupiter.

GANYMÈDE

Ganymède est le septième, le plus grand et le plus brillant des SATELLITES connus de JUPITER, avec un diamètre de 5 262 km. Il tourne à 1 070 000 km du centre de la PLANÈTE géante. C'est le plus gros des satellites naturels du SYSTÈME SOLAIRE, plus gros

même que la planète MERCURE. Sa surface, constellée de cratères, est recouverte à 90 % par une couche de glace sous laquelle se trouverait un manteau rocheux et un noyau de fer. La SONDE GALILEO a transmis des relevés qui font supposer aux astronomes l'existence possible d'un océan d'eau salée en profondeur sous la surface de Ganymède.

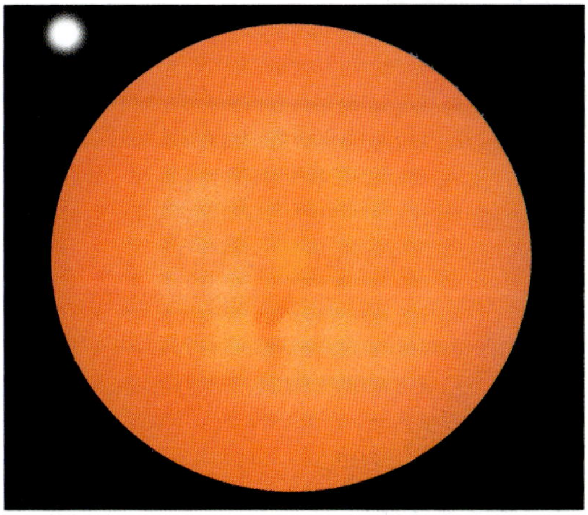

GÉANTE ROUGE

Les géantes rouges sont des ÉTOILES d'une MASSE comprise entre 1 et 5 fois la masse actuelle du SOLEIL qui, après avoir épuisé l'hydrogène contenu en leur cœur, commencent à consommer l'HYDROGÈNE plus proche de leur surface.

En dégageant de grandes quantités d'énergie, ces étoiles se mettent alors à gonfler, pouvant atteindre 200 fois leur taille initiale, et à briller plus fortement. Leur température en surface diminuant, elles se refroidissent et prennent une couleur plus rouge, d'où leur nom. Dans 4,5 milliards d'années environ, notre Soleil deviendra une géante rouge, si grosse qu'elle « avalera » la planète VÉNUS. Sur la Terre, la température dépassera alors 1 000 °C. Souhaitons à nos descendants d'avoir déménagé d'ici là vers d'autres PLANÈTES plus accueillantes !

GÉOCENTRISME

(VOIR LES REPRÉSENTATIONS DU MONDE PP.56-57)

Du grec *geo*, la terre.

Proposée par Platon, philosophe grec du IVe siècle av. J.-C., la vision géocentrique de l'UNIVERS place la TERRE, immobile, au centre,

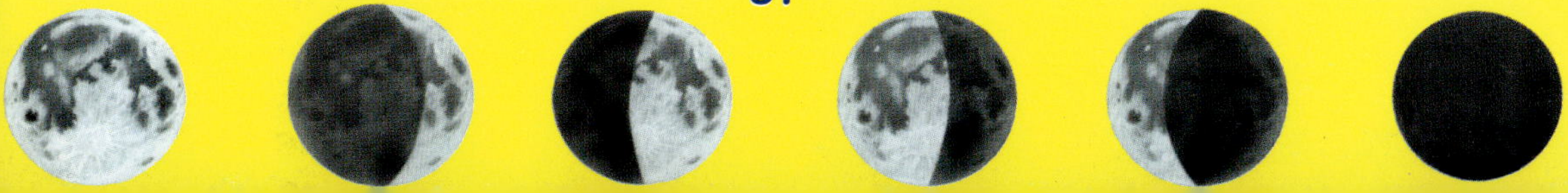

entourée par les autres **PLANÈTES** et par les **ÉTOILES**. Cette vision a été largement répandue par **ARISTOTE**, un siècle plus tard, puis par Claude **PTOLÉMÉE**, au IIe siècle apr. J.-C. S'imposant en Europe pendant tout le Moyen Âge, ce modèle est détrôné au milieu du XVIe siècle par les travaux de Nicolas **COPERNIC**, soutenu par Kepler et par **GALILÉE**. Leur vision opposée, l'**HÉLIOCENTRISME**, place le **SOLEIL** (*helios*, en grec) au centre de l'Univers. On sait aujourd'hui que le Soleil n'est pas au centre de l'Univers, mais seulement au centre du système solaire. La vision héliocentrique représentait néanmoins un pas de géant dans la connaissance du monde qui nous entoure.

GRAVITATION

On prétend que c'est en recevant une pomme sur la tête que le grand savant britannique Isaac **NEWTON** comprit le phénomène de la gravitation. C'est en effet la gravitation qui fait tomber les objets en les attirant vers le centre de la **TERRE**. Voilà pourquoi on utilise aussi le mot

attraction pour désigner le phénomène. C'est aussi la gravitation qui nous maintient sur le sol terrestre. Sans elle, nous flotterions dans l'espace. Mais la Terre n'est pas la seule à exercer une telle attraction. En fait, dans l'espace, tous les **ASTRES** s'attirent les uns les autres. C'est pourquoi Isaac Newton a donné le nom d'attraction universelle à ce qu'il venait de découvrir. Comme elle se fait sentir sur des distances énormes, la gravitation est responsable de la plupart des mouvements rencontrés en **ASTRONOMIE**. Par exemple, sans l'attraction du **SOLEIL**, les **PLANÈTES** de notre système solaire ne tourneraient pas autour de lui bien sagement sur leur **ORBITE**, mais s'échapperaient pour filer tout droit dans le vide de l'espace.

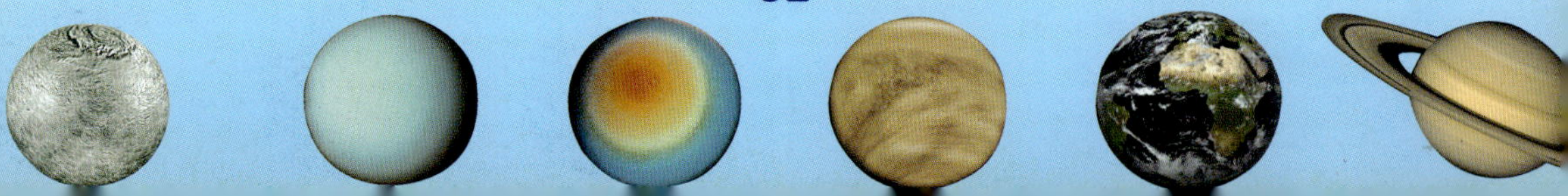

HAIGNERÉ, CLAUDIE

(1957-)

Née le 13 mai 1957, Claudie André-Deshays est médecin rhumatologue, spécialisée en médecine aéronautique. Responsable des programmes de médecine spatiale au Cnes (Centre national d'études spatiales) de 1990 à 1992, elle assure la coordination scientifique de la mission franco-russe Antarès pour les expériences sur l'adaptation de l'homme à l'environnement spatial, à bord de la station orbitale MIR. Elle devient ensuite la première spationaute française (et européenne) avec un vol de seize jours en août 1996 à bord de Mir (mission Cassiopée). Elle rejoint ainsi le cercle très fermé des femmes dans l'espace, au total 39 depuis la célèbre COSMONAUTE soviétique Valentina TERECHKOVA (contre 394 hommes). Mariée entre-temps au spationaute français Jean-Pierre Haigneré, elle est premier ingénieur de bord lors de la mission Andromède, en octobre 2001, et reste dix jours dans la station spatiale internationale ISS (voir STATION ORBITALE) pour y réaliser un programme expérimental dans les domaines de l'observation de la TERRE, de l'étude de l'ionosphère, des sciences de la vie ainsi que des sciences de la matière. Elle devient ministre déléguée à la Recherche et aux Nouvelles Technologies en 2002, puis ministre déléguée aux Affaires Européennes en 2004.

HALLEY, EDMUND

(1656-1742)

Mathématicien et astronome britannique, Edmund Halley est connu pour ses travaux sur les COMÈTES. Grâce à lui, on sait aujourd'hui que les comètes ont des ORBITES très allongées et reviennent périodiquement vers le SOLEIL. Montrant que la comète vue en 1682 était, en fait, la même que celle qui avait été étudiée en 1531, il prédit son retour pour 1758. Et… il avait raison ! Effectivement observée en 1759, cette comète est alors baptisée comète de Halley. De retour tous les 76 ans environ, la comète de Halley a été examinée, lors de son dernier passage en 1986, par la SONDE européenne *Giotto*. Son noyau, photographié à moins de 600 km de distance, a enfin révélé son secret : c'est un bloc allongé et irrégulier de 16 km sur 8 km, composé de glace et de roches sombres, montrant des zones actives d'où s'échappent les gaz et les poussières. Rendez-vous en 2062 pour son prochain passage !

HÉLIOCENTRISME

(VOIR LES REPRÉSENTATIONS DU MONDE PP.56-57)

Du grec *helios*, le soleil.

Au XVIe siècle, l'astronome polonais **COPERNIC** affirme pour la première fois que le **SOLEIL**, et non la **TERRE**, se trouve au centre de l'Univers. Cette théorie, l'héliocentrisme, détrône le **GÉOCENTRISME** des philosophes et des mathématiciens grecs qui pensaient que la Terre était le centre de l'**UNIVERS**. Mais Copernic n'apporte pas de preuves réellement décisives à l'appui de sa thèse. Il faut attendre les mesures de Tycho **BRAHE**, les travaux de Kepler et les observations de **GALILÉE** pour accumuler des preuves indiscutables du modèle héliocentrique.

HÉLIUM

L'hélium est un gaz, identifié pour la première fois en 1895 au cœur du **SOLEIL** avant d'être détecté sur la **TERRE**. C'est l'élément chimique le plus répandu dans l'**UNIVERS** après l'**HYDROGÈNE**, apparu quelques minutes après le **BIG-BANG**. L'hélium continue d'être produit dans le cœur des **ÉTOILES**.
Sur Terre, on l'utilise... pour gonfler les ballons, car il est plus léger que l'air !

HUBBLE, EDWIN

(1889-1953)

Utilisant le plus puissant **TÉLESCOPE** de son époque, cet astronome américain découvre en 1924 qu'il existe d'autres **GALAXIES** que la nôtre, déjà observées avant lui mais considérées jusque-là comme de simples **NÉBULEUSES** de notre propre galaxie.
En analysant la **LUMIÈRE** de ces galaxies, Hubble constate qu'elles s'éloignent de nous et il parvient à établir une loi sur leur déplacement. Voici ce qu'affirme la loi

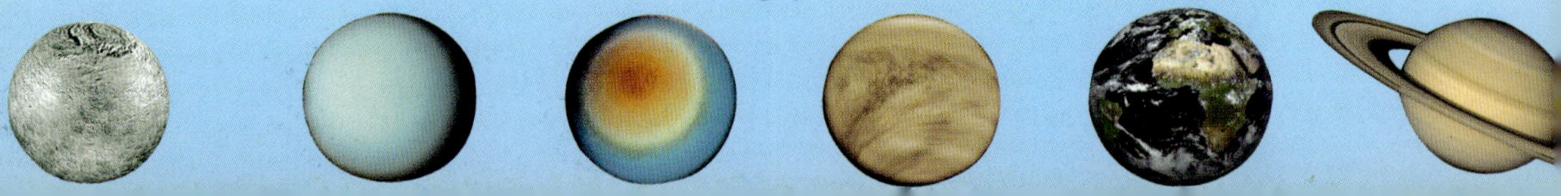

Hubble : plus une galaxie est loin de nous, plus elle s'écarte rapidement des autres galaxies, à une vitesse de l'ordre de 22 km/s par million d'ANNÉES-LUMIÈRE de distance.
Cette loi est à l'origine de la théorie du BIG-BANG. Elle est également intéressante parce qu'elle permet de calculer l'âge de l'UNIVERS, estimé à environ 13 milliards d'années.

HUBBLE (HST)

Le TÉLESCOPE spatial Hubble (*Hubble Space Telescope*) est une réalisation commune de la NASA et de l'ESA.

Au début… le télescope Hubble était « myope » et nous envoyait des photos floues ! Ce défaut, dû à une erreur lors de la fabrication de son miroir, a été corrigé lors d'une mission de réparation effectuée à partir de la NAVETTE américaine *Endeavour*, en décembre 1993.
Hubble est un outil formidable. D'abord, parce qu'il est grand : son miroir mesure 2,40 m de diamètre et il peut donc capter beaucoup de lumière. Ensuite, parce qu'il est situé non pas sur TERRE mais en ORBITE, au-delà de l'ATMOSPHÈRE terrestre, qui brouille les observations des télescopes situés au sol et empêche même certains rayonnements de les atteindre. Enfin, parce qu'il possède toute une panoplie d'instruments scientifiques hautement performants qui ont permis aux astronomes d'effectuer de nombreuses observations importantes, comme celle du fameux *Hubble Deep Field* (Champ profond de Hubble) réalisée en décembre 1995 et qui montre les GALAXIES les plus lointaines jamais observées, nées 1 milliard d'années seulement après le BIG-BANG. La Nasa

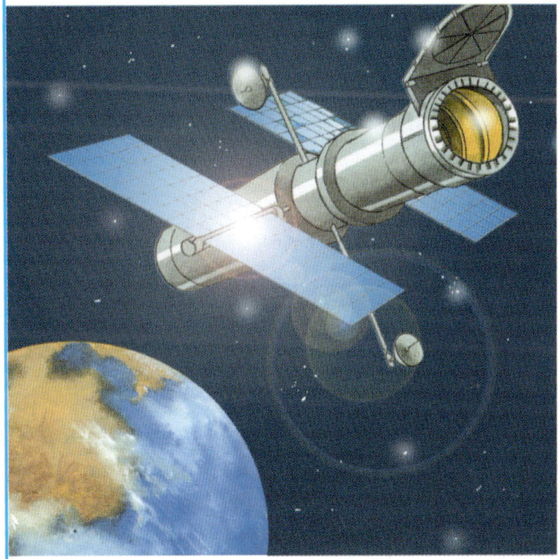

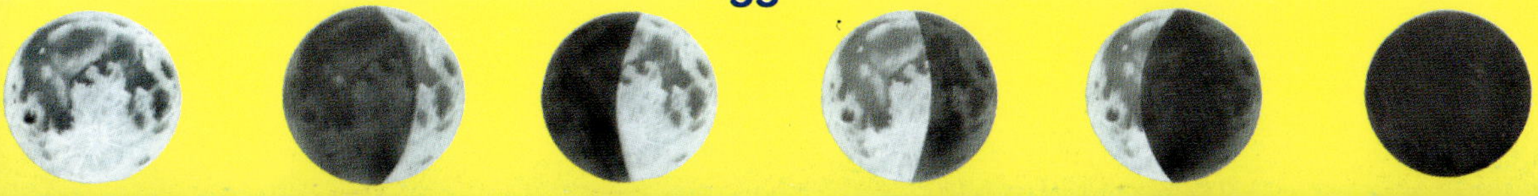

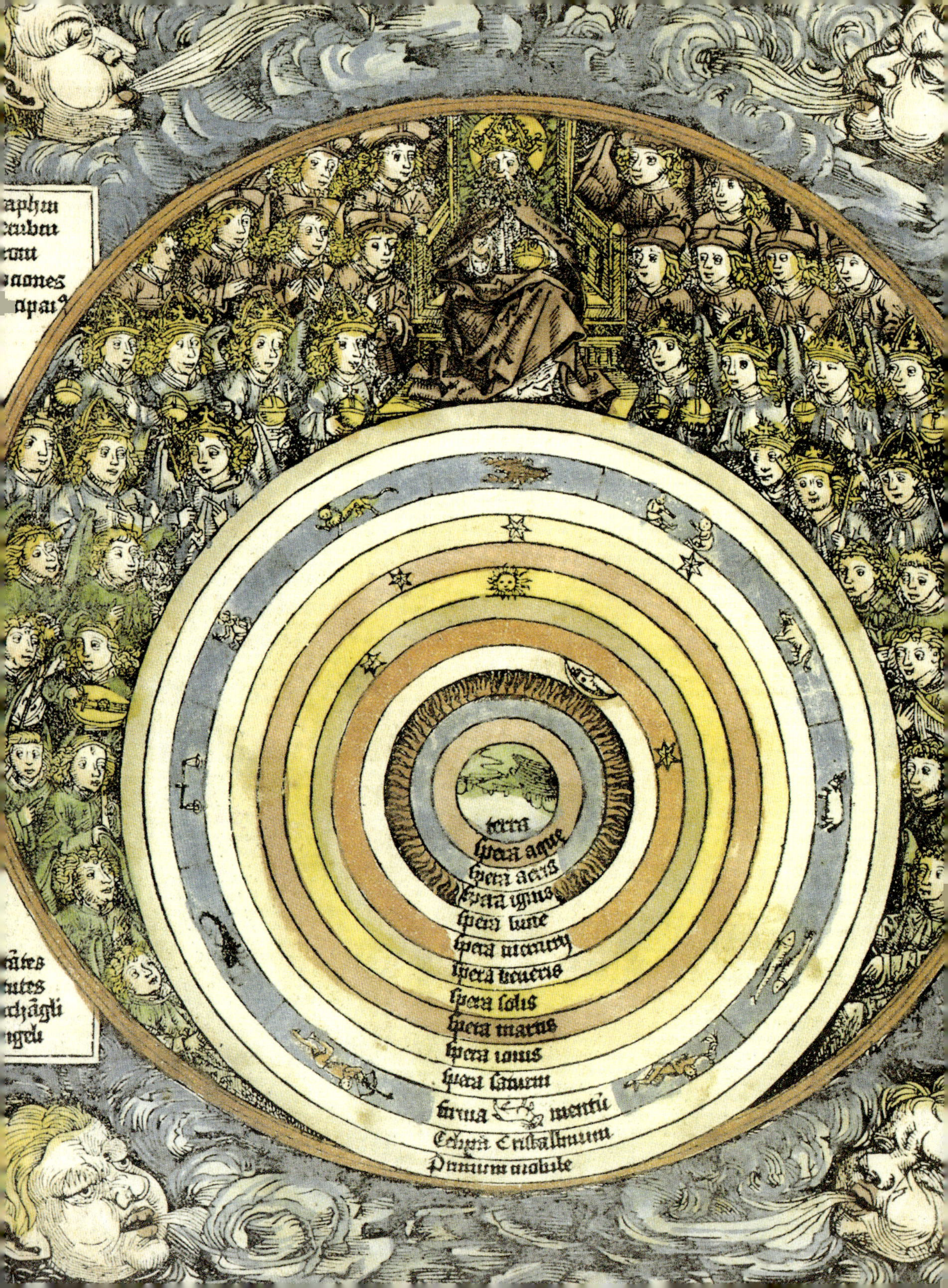
terra
spera aque
spera aeris
spera ignis
spera lune
spera mercurij
spera veneris
spera solis
spera martis
spera iouis
spera saturni
firma mentu
Celum cristallinum
Primum mobile

.E GÉOCENTRISME

ERRE est le centre autour duquel
ɔurnent toutes les **PLANÈTES** :
ʼoilà la thèse du géocentrisme.
ait aujourd'hui qu'elle est fausse !

LES REPRÉSENTATIONS DU MONDE

L'HÉLIOCENTRISME

Toutes les planètes du **SYSTÈME SOLAIRE** tournent autour du **SOLEIL**, notre **ÉTOILE**. Cela s'appelle l'héliocentrisme et… c'est vrai !

prévoit d'arrêter le HST en 2010 et de lancer, en 2011, un télescope spatial de nouvelle génération de 6,50 m de diamètre, baptisé Télescope spatial James Webb (JMST). Initialement conçu pour une durée de quinze années, le HST sera donc en service pendant vingt ans !

HYDROGÈNE

Le gaz hydrogène est l'élément chimique le plus simple et le plus répandu dans l'UNIVERS, représentant à lui seul les trois quarts de la matière. Le plus simple, cela signifie que son ATOME ne comporte qu'un seul électron tournant autour de son noyau. Juste après lui, il y a l'HÉLIUM, qui a deux électrons, l'OXYGÈNE qui en a trois, etc. L'hydrogène constitue la matière du cœur des ÉTOILES.

IO

Io est le plus petit des quatre gros SATELLITES de JUPITER découverts par GALILÉE en 1610. Il en est également le plus proche et subit

l'énorme attraction de la planète géante, ce qui se traduit par une intense activité volcanique, visible en surface. Les rejets de soufre de ses centaines de VOLCANS, pouvant s'élever à plus de 300 km de hauteur, font ressembler sa surface à une grosse pizza bouillante aux teintes colorées de marron, d'orange, de rouge, de jaune et de blanc.

IRAS

IRAS a été le premier SATELLITE d'observation astronomique de la LUMIÈRE infrarouge, c'est-à-dire

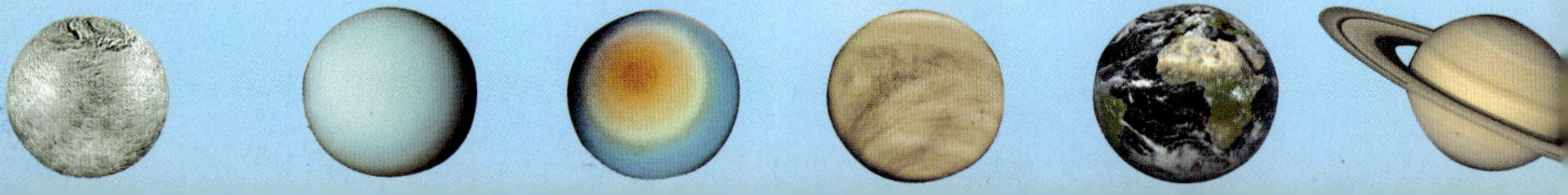

la lumière froide, invisible à l'œil nu (si notre œil pouvait voir cette lumière, il la verrait au-delà du rouge dans les couleurs de l'arc-en-ciel).
Comme il pouvait capter un rayonnement que les autres TÉLESCOPES ne voient généralement pas, *IRAS* nous a fait découvrir plus de 250 000 sources de lumière inconnues jusque-là, cinq nouvelles COMÈTES et 1 800 nouveaux ASTÉROÏDES. Il a aussi révélé la poussière interstellaire comme on ne l'avait jamais vue auparavant.
Fruit d'une collaboration entre les États-Unis, le Royaume-Uni et les Pays-Bas, lancé en 1983, il n'a fonctionné que dix mois.
Son successeur, *ISO* (observatoire spatial infrarouge), équipé d'un télescope de 60 cm et d'instruments encore plus sensibles, a été lancé par l'ESA en 1995 pour une période de deux ans et demi. Il a permis l'observation de nombreuses régions de formation des ÉTOILES, ainsi que la découverte de vapeur d'eau sur TITAN. Il a aussi détecté la présence d'eau un peu partout dans l'UNIVERS, ce qui est fondamental car on sait que l'eau est nécessaire à l'apparition de la vie.

JUPITER

Cinquième PLANÈTE du SYSTÈME SOLAIRE en partant du SOLEIL, elle se situe à 779 millions de kilomètres du Soleil (5,2 UNITÉS ASTRONOMIQUES).
Diamètre : 11,2 fois le diamètre de la TERRE.
Vitesse de ROTATION : 10 heures terrestres.
Vitesse de RÉVOLUTION autour du Soleil : 12 années terrestres.

Jupiter est la géante de notre système solaire. Composée à 90 % d'HYDROGÈNE et de presque 10 % d'HÉLIUM, c'est, comme SATURNE, URANUS et NEPTUNE, une planète gazeuse dont le noyau central est rocheux.
Des cyclones et des vents très violents font rage dans les hautes couches de son ATMOSPHÈRE. La Grande Tache Rouge est un cyclone actif observé depuis 300 ans. Il est assez grand pour contenir à lui seul 2 fois la Terre !
Jupiter est accompagnée d'une famille de plus de 60 SATELLITES naturels. Les plus gros, IO (1 815 km), Europe (1 569 km), GANYMÈDE (2 631 km) et Callisto (2 400 km), ont été découverts par GALILÉE en 1610 avec sa première

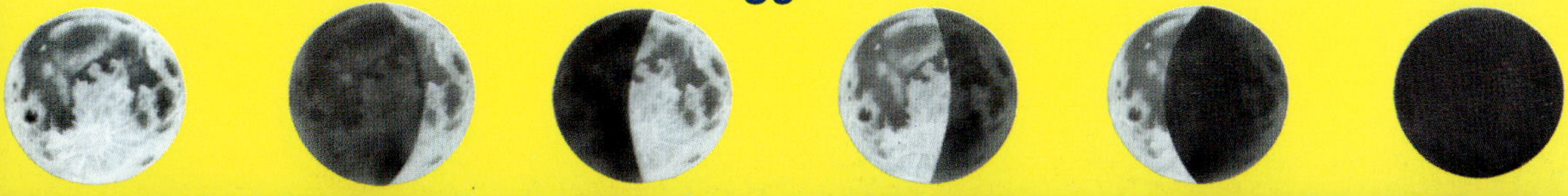

Jupiter et ses satellites.

LUNETTE astronomique. En fait, la famille s'agrandit sans cesse car on découvre toujours de nouveaux satellites de Jupiter !
En 1979, la sonde **VOYAGER 1** a découvert un **ANNEAU** très fin de 7 000 km autour de la planète.

KOUROU

C'est à Kourou, en Guyane française (département français situé au nord du continent sud-américain), que se trouve le Centre spatial guyanais, base de lancement des **FUSÉES** européennes **ARIANE**. Fondé en 1964 par le CNES (Centre national d'études spatiales), le Centre spatial occupe près de 1 000 km² et emploie plus de 1 500 personnes. Depuis le 9 avril 1968, date du premier lancement d'une fusée, plus de 500 opérations de lancement ont été réalisées à partir de ce véritable port spatial européen.

LAÏKA

Cette petite chienne est l'héroïne d'une histoire qui s'est finie tristement. Embarquée à bord du vaisseau soviétique *Spoutnik 2*, le 3 novembre 1957, Laïka a été le

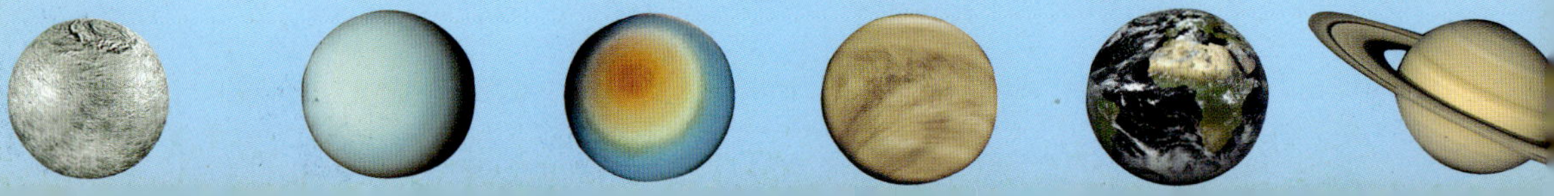

premier être vivant envoyé dans l'espace. Placée en ORBITE à 1 600 km d'altitude, dans un conteneur hermétique, sous air conditionné et avec de la nourriture, ses réactions à la formidable accélération du décollage puis aux conditions d'APESANTEUR furent précieusement enregistrées pour préparer les futurs vols habités. Laïka est morte après cinq heures de vol, à la suite d'une élévation incontrôlée de la température à l'intérieur de la capsule. Elle aurait été de toute façon sacrifiée une semaine plus tard, rien n'ayant été prévu pour sa récupération. *Spoutnik 2*, devenu le cercueil orbital de Laïka, se consuma en rentrant dans l'ATMOSPHÈRE le 14 avril 1958, après 163 jours de vol et 2 370 RÉVOLUTIONS autour de la TERRE.

LEAVITT HENRIETTA SWAN

(1868-1921)

L'une des rares femmes astronomes devenues célèbres !
Cette Américaine de l'observatoire d'Harvard est spécialisée dans l'étude des ÉTOILES variables

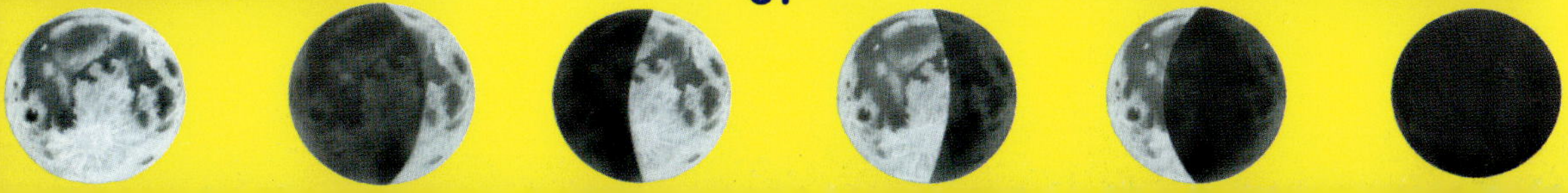

(celles qui changent régulièrement d'éclat). Ses recherches ont fourni aux astronomes une méthode précieuse pour calculer des distances très lointaines dans l'Univers, bien au-delà de notre galaxie.

LENTILLE

Tandis que le TÉLESCOPE utilise un miroir réfléchissant pour collecter et amplifier la lumière en provenance des ASTRES, la LUNETTE astronomique utilise une lentille, bloc de verre transparent dont on a soigneusement poli ses deux faces bombées (convexes). On appelle aussi cette lentille l'objectif. Pour grossir l'image, les deux systèmes

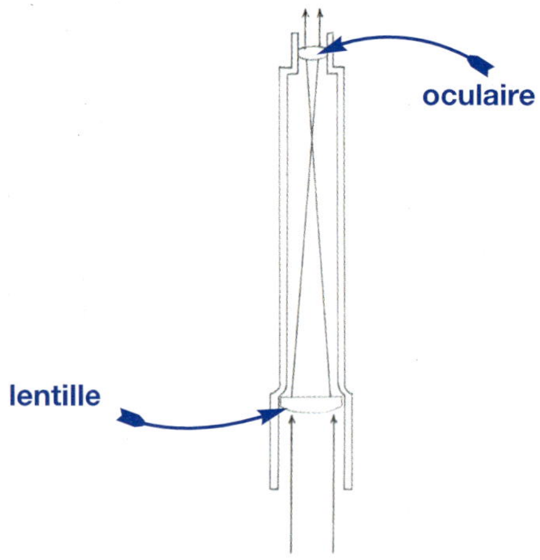

Schéma du trajet de la lumière.

(lunette et télescope) utilisent une seconde lentille plus petite appelée oculaire, qui joue le rôle d'une loupe. Pour observer la LUNE, une PLANÈTE, une ÉTOILE, une NÉBULEUSE ou une GALAXIE, l'astronome pointe sa lunette en dirigeant l'objectif vers l'astre visé et place son œil derrière l'oculaire à l'autre extrémité du tube. Pour améliorer la qualité des images données par les lentilles, on en associe souvent plusieurs. Ainsi, pour qu'un bon objectif ne produise pas d'image irisée (bleue aux bords rouges, ou inversement), on associe deux lentilles en verres de nature dissemblable et polies différemment. Pour les oculaires, on améliore leur qualité et le champ de vision en assemblant de nombreuses petites lentilles différentes.

LE VERRIER, URBAIN-JEAN-JOSEPH

(1811-1877)

Astronome français du XIXe siècle, Urbain Le Verrier est l'auteur

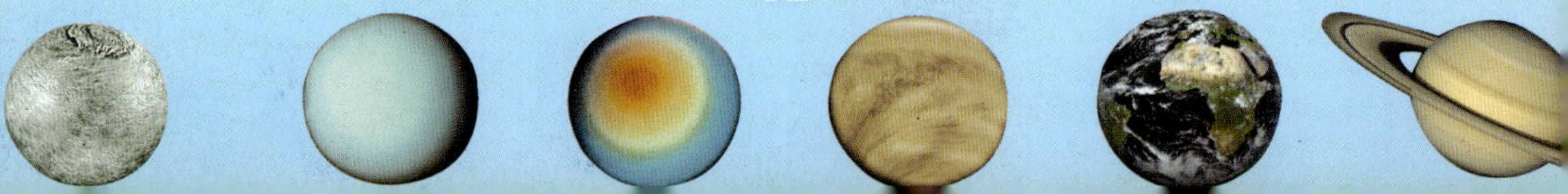

d'une prouesse mathématique : il a prédit l'existence et la position de la **PLANÈTE NEPTUNE**, encore inconnue à l'époque, sans procéder à aucune observation astronomique, mais seulement en faisant des calculs à partir des positions établies de la planète **URANUS**.

En septembre 1846, la planète fut enfin observée par l'astronome allemand Johann Gottfried Galle à une position très proche de celle calculée par Le Verrier.

LUMIÈRE

La lumière est une forme d'énergie naturelle qui se déplace dans le vide à la vitesse de 300 000 km/s. Certains physiciens la décrivent comme une onde, semblable aux vagues sur la mer. D'autres la voient plutôt comme un ensemble de particules qu'ils ont appelées photons. En fait, la réalité est un mélange des deux : l'énergie lumineuse, faite de « grains » minuscules, est transportée par une onde voyageant dans le vide. Les sources de lumière naturelles sont les **ÉTOILES** et les flammes... Certains animaux (vers luisants, poissons et méduses des grandes profondeurs...) sont aussi capables de produire naturellement de la lumière.

La lumière blanche, celle que nous voyons tous les jours, est l'addition de toutes les lumières colorées, du violet au rouge, apparaissant par exemple dans les arcs-en-ciel.

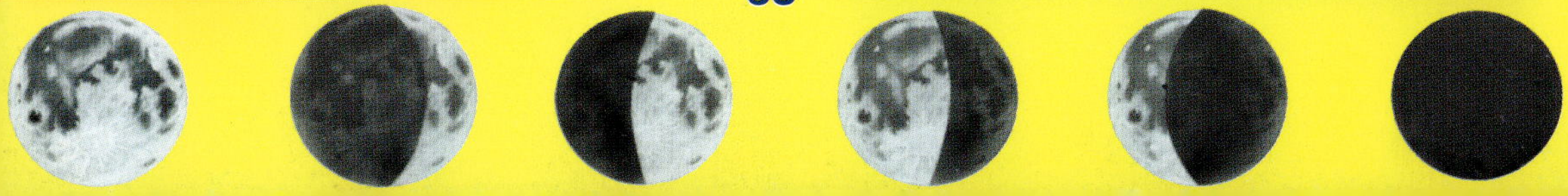

Des ondes lumineuses invisibles à l'œil nu existent au-delà du violet (les ultraviolets, les rayons X et gamma) et en deçà du rouge (les infrarouges et les ondes radio). Seuls des appareils spécialisés permettent de capter ces rayonnements, comme par exemple les jumelles à infrarouge utilisées par les soldats pour y voir dans la nuit. Le SATELLITE IRAS était spécialisé dans la réception du rayonnement infrarouge.

LUNE

(VOIR PREMIERS PAS SUR LA LUNE PP.66-67)

La Lune est le seul SATELLITE naturel de la TERRE et se trouve vraiment près de nous : à tout juste 384 400 km, c'est-à-dire 190 fois l'aller-retour entre la France et le sud de l'Afrique.

La Lune tourne sur elle-même exactement dans le même temps qu'elle fait un tour autour de la Terre, en un peu moins de trente jours. Voilà pourquoi elle nous présente toujours la même face. Mais cette face change d'aspect selon la façon dont elle est éclairée par le SOLEIL : elle nous apparaît complètement noire quand le Soleil éclaire la Lune par-derrière (nouvelle lune), ou sous la forme de croissant quand le Soleil l'éclaire de côté (premier et dernier quartiers), ou enfin entièrement brillante quand le Soleil l'éclaire de face (pleine lune).
À l'œil nu, on distingue de vastes zones claires à la surface de la Lune. On les appelle des « mers » ou des « océans ». En fait, ce ne sont pas des étendues d'eau, mais des grandes plaines de lave refroidie depuis 3,7 milliards d'années. Des chaînes de montagnes et des CRATÈRES constituent le reste de la surface lunaire.
Depuis le 21 juillet 1969, la Lune est le seul ASTRE, en dehors de la Terre, où l'homme ait jamais posé le pied.

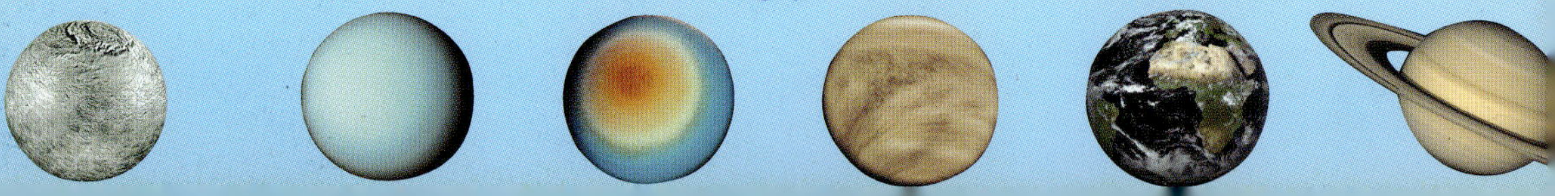

LUNETTE ASTRONOMIQUE

Les instruments d'observation astronomique peuvent se décomposer en deux familles : les lunettes et les TÉLESCOPES. Tandis qu'un télescope utilise un miroir pour collecter la LUMIÈRE et agrandir les images, la lunette utilise des LENTILLES : une première lentille servant d'entonnoir à lumière, qu'on appelle l'objectif, et une seconde servant de loupe, appelée oculaire. C'est GALILÉE qui mit au point, en 1609, la première lunette astronomique, grâce à laquelle il découvrit, entre autres, les principaux SATELLITES de JUPITER. La lunette la plus grosse du monde possède un objectif de plus de 1 m de diamètre. Elle se trouve aux États-Unis, à l'observatoire de Yerkes, dans le Wisconsin. La France possède les troisième et cinquième lunettes du monde, à l'observatoire de Meudon (83 cm) et de Nice (76 cm), datant toutes deux de la fin du XIXe siècle. La lunette la plus longue du monde, mesurant 21 m, se trouve à l'observatoire Archenhold de Berlin, en Allemagne. Appelée le « canon du ciel », elle possède un objectif de seulement 68 cm de diamètre.

Depuis une cinquantaine d'années, les télescopes sont préférés aux lunettes, car les plus grosses lunettes possèdent un tube tellement long et mince qu'il peut fléchir facilement sous l'effet du poids de l'objectif. À diamètre égal, les télescopes sont beaucoup plus courts, donc moins fragiles… et moins encombrants.

MAGELLAN

Lancée en mai 1989 par la NAVETTE *Atlantis*, la SONDE *Magellan* a observé le sol de VÉNUS au radar à travers l'épaisse

PREMIERS PAS SUR LA LUNE

couche de nuages de son ATMOSPHÈRE. En effectuant 15 000 tours de la PLANÈTE à 243 km d'altitude au minimum, elle a pu reconstituer une carte couvrant 98 % de la surface de la planète.
Environ 21 % de la surface ont été étudiés en trois dimensions, permettant de reconstituer le relief exact du sol, de ses canyons et de ses montagnes. La sonde a terminé sa vie en s'écrasant sur le sol de VÉNUS en octobre 1994. Ses observations ont fait de Vénus la planète actuellement la mieux connue (après la TERRE) et ont révélé un monde tourmenté, modelé par un intense volcanisme d'une étonnante diversité.
Magellan est aussi le nom que portent les deux petites GALAXIES les plus proches de la nôtre, de formes irrégulières. On les appelle les Nuages de Magellan en l'honneur du navigateur portugais dont l'expédition maritime boucla, pour la première fois, un tour du monde, en 1522.

MARINER

La série des SONDES américaines *Mariner* a accompli un total de sept missions réussies entre 1962 et 1974. Les instruments scientifiques composaient le corps de la sonde, solidaire d'une antenne de 2,70 m de diamètre toujours pointée vers la TERRE. Pour leur moisson de photos de PLANÈTES de notre SYSTÈME SOLAIRE, elles font partie des sondes les plus prolifiques de l'histoire de l'exploration spatiale. Mais toutes les *Mariner* n'ont pas eu le même succès !
Mariner 1, lancée en juillet 1962, est détruite 290 secondes seulement après son décollage.
Mariner 2 survole VÉNUS à 34 000 km en décembre 1962, suivie par *Mariner 5* en octobre 1967 qui s'est approchée à près de 4 000 km de la planète.
Mariner 3 est échec : la coiffe de la FUSÉE étant restée attachée à la sonde, celle-ci se retrouve sur une ORBITE solaire sans aucun intérêt.

Mars photographiée par Mariner.

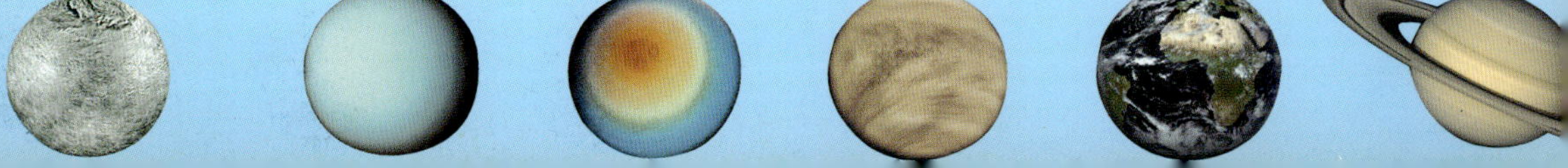

Mariner 4, lancée en novembre 1964, survole **MARS** à moins de 10 000 km de distance en juillet 1965, révélant la présence de **CRATÈRES**. Cette mission est suivie par *Mariner 6* et *7* en 1969, photographiant Mars à moins de 3 500 km d'altitude. *Mariner 8* est perdue après quelques minutes de vol à la suite d'une défaillance électronique. *Mariner 9*, mise en orbite autour de Mars en 1971, nous envoie plus de 7 000 images. *Mariner 10* est la première mission interplanétaire. Lancée en novembre 1973, elle « navigue » entre Vénus et **MERCURE** pendant plus d'un an et demi.
Les sondes suivantes, *Mariner 11* et *12*, ont été rebaptisées **VOYAGER 1** et **2**.

MARS

Quatrième **PLANÈTE** du **SYSTÈME SOLAIRE** en partant du **SOLEIL**, elle se situe à 225 millions de kilomètres du **SOLEIL** (1,52 u.a.).
Diamètre : 6 794 km (2 fois plus petite que la **TERRE**).
Vitesse de **ROTATION** : à peine plus que 1 jour terrestre (24 heures et 37 minutes).
Vitesse de **RÉVOLUTION** autour du Soleil : un peu moins de 2 années terrestres (687 jours).

La **SONDE PATHFINDER** et son petit robot roulant **SOJOURNER** ont photographié en 1997 le sol de Mars et nous l'ont montré désertique, caillouteux et rouge.

Paysage de Mars.

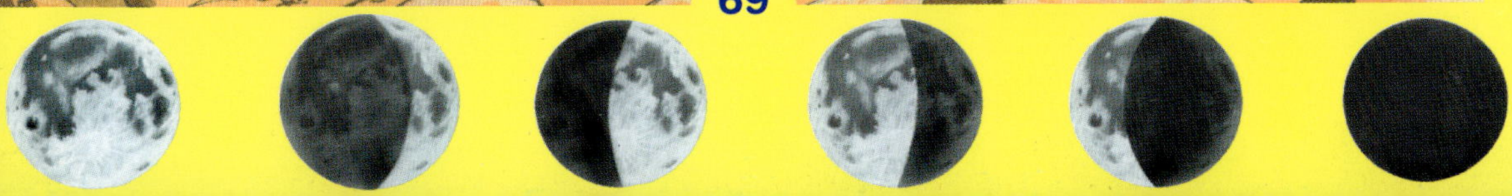

Cette couleur étrange et les grandes tempêtes de poussière rouge qui entourent Mars nous permettent, même à l'œil nu depuis la Terre, de reconnaître la planète. Un sol rouge… mais pas de petits hommes verts ! Il n'y a pas de Martiens. Les **SONDES VIKING 1** et **2**, envoyées dans les années 1970, n'avaient pas non plus trouvé de signes de vie à la surface. Pourtant, les astronomes pensent que les couches profondes du sol ont pu conserver des traces de formes de vie primitive, beaucoup plus anciennes que celles que nous pouvons recueillir sur Terre. Jusqu'à il y a 3,5 milliards d'années environ, l'eau a dû couler sur Mars, car les vallées martiennes ont la forme de lits de rivières asséchées. Et des zones ressemblant à des plages permettent même de penser qu'un océan devait se trouver dans l'hémisphère Nord. Or où il y a de l'eau, il peut y avoir de la vie…

Mars possède quatre **VOLCANS** géants inactifs et un canyon profond de 6 km et long de 4 000 km. Elle a aussi deux petits **SATELLITES**, Phobos (25 km de diamètre) et Deimos (15 km de diamètre).

MASSE

La masse est la mesure de la quantité de matière contenue dans un corps. Cela n'a rien à voir avec sa taille : ainsi un gros coussin plein de 10 000 plumes et un petit coussin plein de 10 000 plumes bien tassées ont tous les deux la même masse. Comme on la compte en grammes, kilogrammes ou même en tonnes, on la confond souvent avec le poids. La différence entre eux, c'est que la masse ne change pas en fonction de l'endroit où se trouve ce corps, alors que le poids, lui, change. Ainsi, un bloc de 1 kg de plomb aura la même masse s'il se trouve sur la **TERRE** ou sur la **LUNE**. Seul son poids sera différent : sur la Lune, le bloc ne pèsera plus que 166 g, en raison de la force d'attraction 6 fois moins forte que sur la Terre. La masse des **PLANÈTES** est bien trop énorme pour être mesurée en tonnes. Par exemple, voici le chiffre qu'il faudrait utiliser pour exprimer en tonnes la masse de notre petite Terre :
6 000 000 000 000 000 000 000 (6 mille milliards de milliards de tonnes). Les astronomes se servent donc de la masse de la Terre comme unité : on dit ainsi

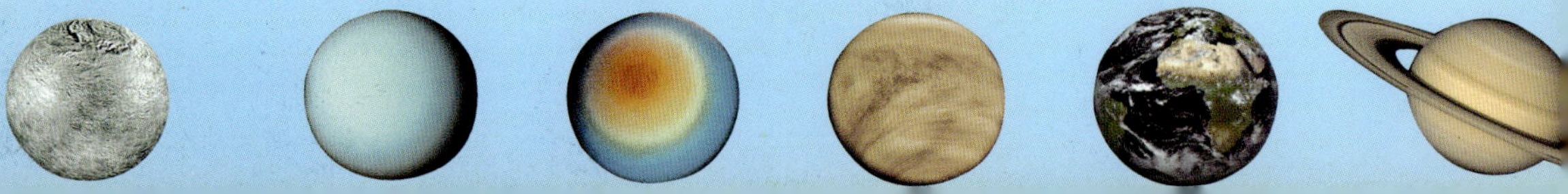

que JUPITER, la planète géante de notre SYSTÈME SOLAIRE, a 318 masses terrestres. Quant à la masse des ÉTOILES, encore plus gigantesque, on la mesure en masse du SOLEIL, qui est égale à 333 432 fois la masse de la Terre. On dit ainsi qu'Arcturus fait 4 masses solaires. L'étoile la plus massive de notre galaxie connue à ce jour ferait près de 200 masses solaires. Appelée l'Étoile du Pistolet, elle a été découverte en 1997 par le TÉLESCOPE spatial HUBBLE, près du centre de notre galaxie.

MAUNA KEA

Mauna Kea, la « Montagne blanche » sacrée des Polynésiens, est le plus grand site d'observation astronomique de l'hémisphère Nord, situé à 4 200 m d'altitude. Choisi en 1964 par les astronomes américains, ce volcan géant de l'île d'Hawaii, en plein Pacifique, accueille depuis 1980 le TÉLESCOPE Canada-France-Hawaii (CFHT) de 3,60 m de diamètre, considéré pendant vingt ans comme le meilleur télescope et

Mauna Kea.

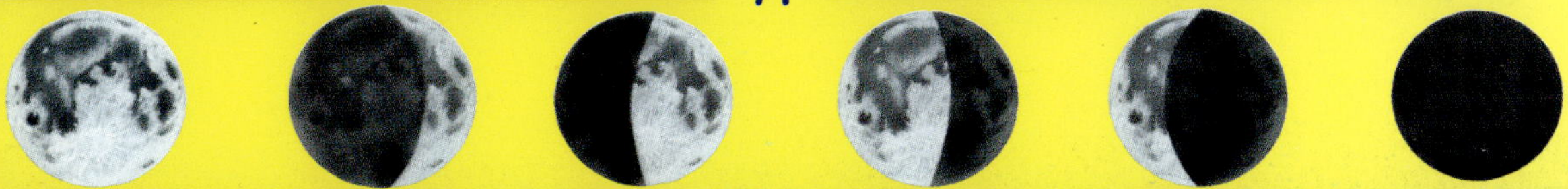

toujours opérationnel. Avec une transparence et une stabilité atmosphérique exceptionnelles, l'OBSERVATOIRE d'Hawaii permet d'explorer le ciel dans des conditions que l'on croyait réservées aux télescopes placés en ORBITE terrestre, hors des perturbations de l'ATMOSPHÈRE. Rien d'étonnant donc à ce que se côtoient sur le sommet une ribambelle de télescopes géants de toutes nationalités. Depuis 1993, les télescopes jumeaux Keck, américains, de 10 m de diamètre chacun, mélangent leurs faisceaux lumineux pour simuler un télescope géant de 85 m de diamètre.

MERCURE

Première PLANÈTE du SYSTÈME SOLAIRE en partant du SOLEIL, elle se situe à 58 millions de kilomètres du Soleil (0,38 UNITÉ ASTRONOMIQUE).
Diamètre : 4 880 km.
Vitesse de ROTATION : 59 jours terrestres.
Vitesse de RÉVOLUTION autour du Soleil : 88 jours terrestres.

Mercure est la plus petite planète du système solaire, si l'on excepte PLUTON. Son noyau est composé essentiellement de fer solide. À sa surface, criblée de CRATÈRES,

Paysage de Mercure.

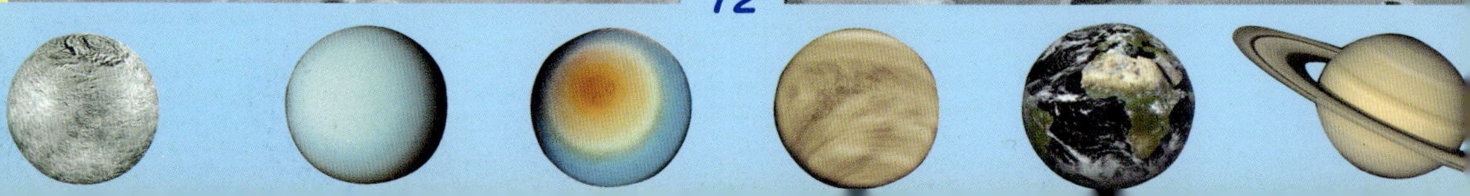

la température varie de + 430 °C le jour à – 173 °C la nuit. Il ne ferait pas bon s'y promener !
Seule la SONDE américaine *Mariner 10* a survolé Mercure à trois reprises dans les années 1970.

MÉTÉORITE

Les météorites sont des petits morceaux d'ASTÉROÏDES tombés du ciel et retrouvés au sol sous forme de cailloux métalliques ou pierreux.

Lorsque les météorites traversent l'ATMOSPHÈRE terrestre, elles s'échauffent sous l'effet des frottements dans l'air et les plus petites s'enflamment, formant dans le ciel de brillantes ÉTOILES FILANTES. Sur les 100 tonnes de roches qui pénètrent chaque jour dans notre atmosphère, seulement 600 kg environ atteignent le sol. Les autres se désintègrent avant. Chaque année, plus de 10 millions de milliards de grains de poussière d'un diamètre inférieur à 1 mm brûlent ainsi dans l'atmosphère ou se perdent dans les océans ou sur les continents. Des chasseurs de météorites passionnés parcourent même notre PLANÈTE pour récolter ces cailloux venus de l'espace !

MIR

La STATION SPATIALE russe Mir (mot qui signifie à la fois « paix » et « monde » en russe) a passé quinze années en ORBITE autour de la TERRE entre 380 et 410 km d'altitude : à l'origine, elle ne devait servir que cinq ans !

Véritable laboratoire scientifique, Mir a effectué un peu plus de 86 000 RÉVOLUTIONS depuis février 1986. On y procédait à des expériences dans toutes sortes de domaines scientifiques, depuis l'observation du comportement humain dans l'espace à des expériences de chimie, de physique, etc. Mir était également devenue une station internationale, accueillant à son bord des astronautes de l'ex-URSS mais aussi de Syrie, de Bulgarie, d'Afghanistan, de France, du Japon, du Royaume-Uni, d'Autriche, d'Allemagne, et, depuis 1995, des États-Unis d'Amérique. Le spationaute Jean-Pierre Haigneré fut le dernier Français à

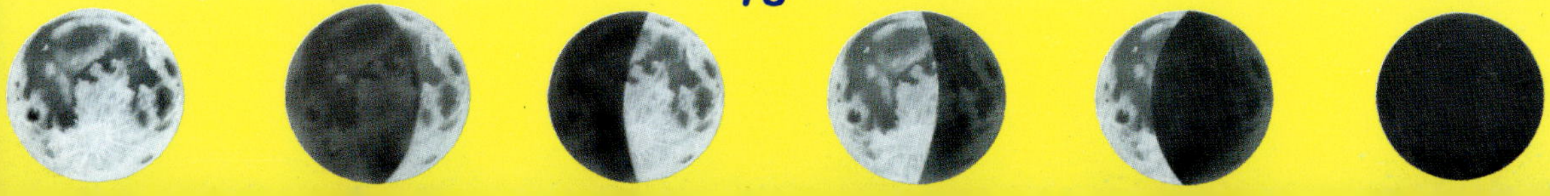

l'avoir habitée en 1999. Après deux ans de sursis de Mir, la Russie, incapable d'assurer son financement, décide de détruire cette station complètement rouillée, comme une boîte de conserve usagée ! De plus en plus de pannes d'ordinateurs, d'électricité, etc., rendaient son utilisation dangereuse et les conditions de vie à bord précaires, particulièrement depuis la série noire d'accidents survenus en 1997 (début d'incendie, problème d'OXYGÈNE et, surtout, collision avec le vaisseau de ravitaillement *Progress M-34*). La destruction définitive de la station eut lieu en mars 2001, Mir finissant sa course au large des îles Fidji, après s'être en grande partie consumée lors de son entrée dans l'ATMOSPHÈRE terrestre. C'est donc la station spatiale internationale ISS qui prend officiellement le relais : son premier élément a été envoyé sur orbite en novembre 1998 et la fin de sa construction est prévue pour

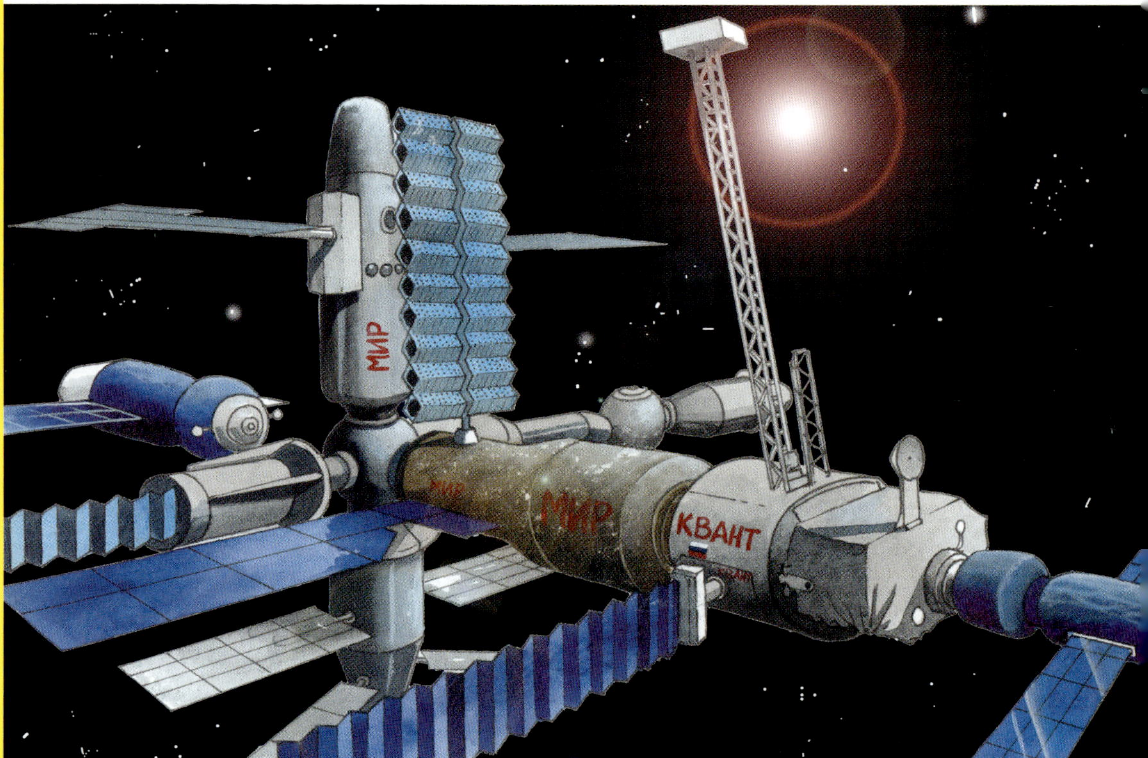

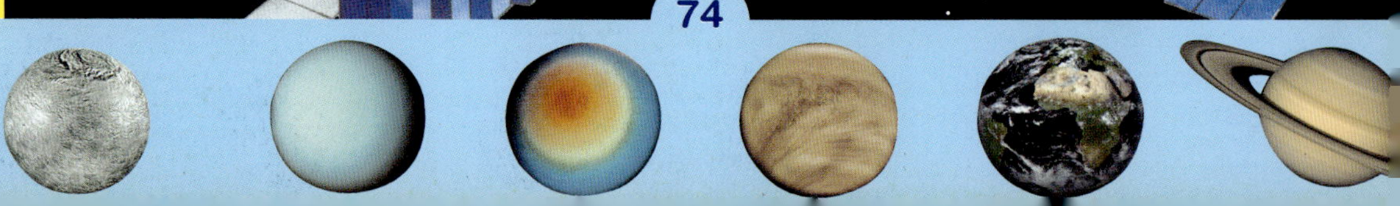

avril 2006. Une anecdote : le milliardaire américain Denis Tito, âgé de 60 ans, avait obtenu, contre un paiement de 20 millions de dollars, l'autorisation de séjourner à bord de Mir. Or la station fut démantelée avant qu'il puisse réaliser son rêve. Du coup, ce premier « touriste » de l'espace accompagna les **COSMONAUTES** russes à bord de l'ISS entre le 29 avril et le 6 mai 2001.

NAINE

Notre **SOLEIL** est une **ÉTOILE**. C'est une petite étoile, de celles que l'on appelle naines. Il y a trois sortes de naines. Les jaunes, comme notre Soleil, dont la vie ne durera « pas plus » d'une dizaine de milliards d'années. Il y a aussi des naines rouges, moins chaudes et moins lumineuses, qui vivront beaucoup plus longtemps. Les naines blanches sont les plus étranges : elles sont vraiment petites, pas plus grosses que notre minuscule **TERRE**. Elles ont fini de transformer tout leur gaz et la matière qui les compose aujourd'hui est si condensée qu'un dé à coudre pourrait contenir 1 tonne de matière !

NASA

L'agence spatiale américaine (*National Aeronautics and Space Administration*, en anglais) a été créée en juillet 1958. À son actif, on peut compter les célèbres missions **APOLLO** utilisées pour la course à la **LUNE**, gagnée par les Américains le 21 juillet 1969, la mise en opération de la première **STATION ORBITALE** expérimentale **SKYLAB**, entre mai 1973 et juillet 1979, et la mise en service, depuis avril 1981, des taxis de l'espace que sont les **NAVETTES SPATIALES**.
La NASA est répartie sur tout le territoire des États-Unis, en 18 centres de recherche, dont le fameux Ames Research Center de Mountain View, en Californie, ou encore le Jet Propulsion Laboratory de Pasadena. Elle gère tout le programme spatial américain et intervient dans des domaines aussi variés que l'aéronautique, l'**ASTRONOMIE** et l'astrophysique, la chimie et les matériaux, l'ingénierie, la géophysique et la météorologie, la biologie et l'exobiologie, les mathématiques et l'informatique, les sciences sociales et la régulation du trafic aérien. Situé sur la côte atlantique

de la Floride, le Centre spatial Kennedy est la principale base de lancement de la NASA.

Le site Internet de la NASA est une mine d'informations (en anglais !) et d'images pour les passionnés d'astronautique et d'astronomie : www.nasa.gouv

---

NAVETTE SPATIALE

(VOIR LES FUSÉES ET NAVETTES PP. 44-45)

La grosse différence entre une FUSÉE et une navette réside dans le fait que la fusée est détruite à chaque mission et ne peut donc pas être réutilisée. Au contraire, les navettes sont de véritables taxis de l'espace, qui ne peuvent décoller seules mais sont capables de se déplacer dans l'espace et, surtout, de revenir se poser sur TERRE, comme des planeurs.

Principalement développées par les Américains, les navettes sont surtout utilisées pour emporter de gros SATELLITES en ORBITE ou les rapporter au sol. Elles servent à réparer les satellites, à ravitailler les stations habitées, à procéder à la relève des équipages lorsque des astronautes viennent remplacer une équipe qui a séjourné plusieurs semaines dans la station. Au décollage, elles sont fixées verticalement sur un gros réservoir externe de carburant muni de deux fusées à poudre. Au retour, elles entrent dans l'ATMOSPHÈRE en planant, protégées par des tuiles spéciales contre l'échauffement intense qui pourrait les enflammer. À l'atterrissage, un parachute déployé derrière elles, comme derrière certains avions de chasse, les freine.

La NASA a construit plusieurs navettes : *Columbia, Challenger, Enterprise* (navette expérimentale), *Atlantis* et *Endeavour*. L'explosion de *Challenger* le 28 janvier 1986, après 72 secondes de vol et avec sept astronautes à son bord, a nécessité trente-six mois d'immobilisation des navettes au sol et a considérablement ralenti le programme spatial américain. Pour ne pas interrompre trop longtemps la construction de la station spatiale internationale ISS à la suite de la récente désintégration d'une autre navette, *Columbia*, le 1er février 2003, lors de sa phase de rentrée dans l'atmosphère

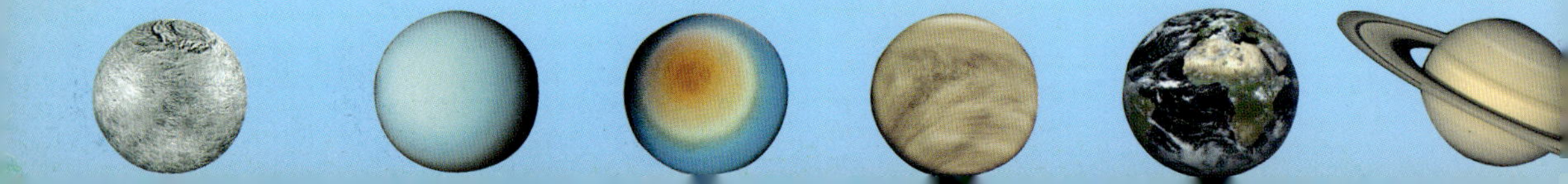

avec sept autres astronautes à son bord, la NASA a repris les vols de ses navettes au printemps 2004. Bien que les Russes et les Européens se soient également engagés dans des programmes de construction de navettes dans les années 1970-1980, ils les ont abandonnés à la fin des années 1980 car cela aurait coûté trop cher.

NÉBULEUSE

(VOIR LES DIFFÉRENTES NÉBULEUSES PP. 78-79)

Dans les GALAXIES, l'espace entre les ÉTOILES n'est pas vide : de la poussière et du gaz forment de gigantesques nuages très dilués appelés nébuleuses. Lorsque ces nuages contiennent suffisamment de matière, ils se compriment sous l'effet de la GRAVITATION et se mettent à tourner sur eux-mêmes. En leur centre, des réactions nucléaires se déclenchent lorsque la température et la pression sont suffisantes, « allumant » le cœur de nouvelles étoiles. Certaines nébuleuses sont donc le lieu de naissance des étoiles.
D'autres nébuleuses sont produites par l'éjection de gaz et de poussières des étoiles au cours de leur vie, lorsqu'elles grossissent au point de devenir des étoiles GÉANTES, SUPERGÉANTES ou qu'elles explosent brutalement en SUPERNOVAE.

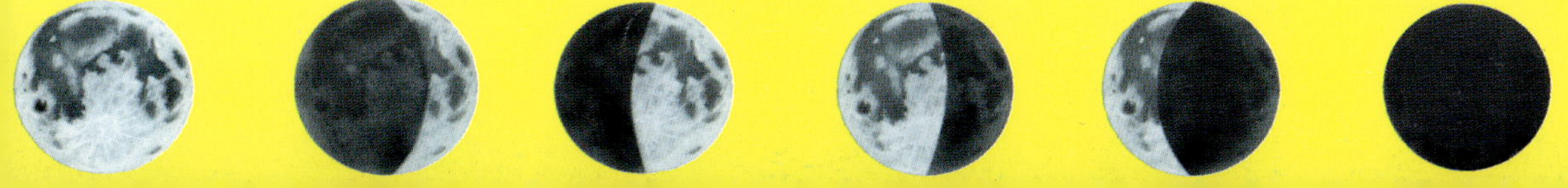

LES DIFFÉRENTES NÉBULEUSES

Orion

La Lyre

La tête
de Cheval

Le Crabe

NEPTUNE

Huitième **PLANÈTE** du **SYSTÈME SOLAIRE** en partant du **SOLEIL**, elle se situe à 4,495 milliards de kilomètres du Soleil (30 **UNITÉS ASTRONOMIQUES**). Diamètre : 50 500 km. Vitesse de **ROTATION** : 16 heures terrestres. Vitesse de **RÉVOLUTION** autour du Soleil : 165 années terrestres.

L'ATMOSPHÈRE de Neptune est turbulente et présente une grande tache sombre, probablement un cyclone comme sur JUPITER, accompagnée de nuages blancs ressemblant à nos cirrus terrestres. Planète gazeuse, Neptune contient pourtant un très gros noyau central rocheux. Plusieurs ANNEAUX minces entourent la planète. L'anneau le plus extérieur a une particularité étrange : lorsqu'on l'observe au TÉLESCOPE, il semble découpé en plusieurs morceaux appelés arcs. L'explication vient du fait que les blocs sont plus concentrés dans certaines zones qui reflètent donc plus la LUMIÈRE du Soleil. On connaît aujourd'hui 11 SATELLITES de Neptune, dont le plus gros, Triton, mesure un peu plus de 1 000 km de diamètre.

NEWTON, ISAAC
(1642-1727)

Considéré comme l'un des plus grands génies de tous les temps, Isaac Newton, philosophe, mathématicien et physicien britannique du XVIIe siècle, est surtout célèbre pour sa théorie de la **GRAVITATION UNIVERSELLE**, publiée en 1687.

La légende raconte que c'est en recevant une pomme sur la tête que Newton eut l'idée de la gravitation. Cette théorie explique que

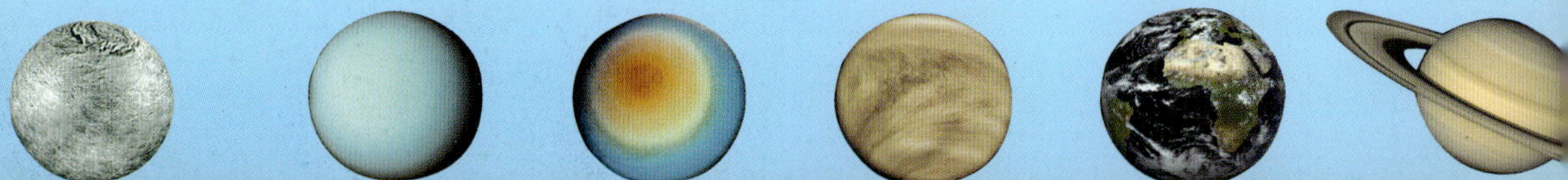

tous les corps, dans l'espace comme sur la **TERRE**, s'attirent les uns les autres : la Terre attire la pomme et la fait tomber ; la Terre nous attire et nous empêche de nous envoler dans l'espace ; le **SOLEIL** attire les **PLANÈTES**, qui restent captives et tournent autour de lui... Plus la **MASSE** d'une planète, d'une **ÉTOILE** ou de n'importe quel autre objet de l'espace est grande, plus la force d'attraction qu'il exerce est importante. Newton s'intéresse également à l'optique : il est le premier à établir que la **LUMIÈRE** blanche, celle émise par notre Soleil, est un mélange de lumières colorées, comme on le voit dans un arc-en-ciel. Constatant que les **LENTILLES** des **LUNETTES** astronomiques donnent des images irisées, il propose de les remplacer par des miroirs creux, inventant ainsi le **TÉLESCOPE**.

OBSERVATOIRE ASTRONOMIQUE

Les observatoires abritent des **TÉLESCOPES** de plus en plus gros et de plus en plus performants, reliés à des ordinateurs et souvent spécialisés dans un type particulier d'observations.

Les observatoires sont construits et équipés pour permettre la meilleure observation possible de l'espace. Pour cela, ils sont installés dans des régions du monde où le ciel est le plus pur possible, loin des grandes villes dont la pollution et l'éclairage gênent les observations nocturnes. Le plus souvent, on les bâtit dans des zones désertiques, au sommet des montagnes ou des **VOLCANS** éteints. Certains sont également placés en **ORBITE** terrestre, au-

delà des nuages et des poussières de l'**ATMOSPHÈRE**.
Les astronomes européens disposent actuellement de deux observatoires parmi les plus modernes de notre époque. Le premier, l'Observatoire européen austral, se trouve dans le désert de l'Atacama, au nord du Chili, à 2 635 m d'altitude sur le mont Paranal. Son instrument vedette est le **TÉLESCOPE** européen **VLT**, avec ses quatre miroirs géants de 8,20 m de diamètre et ses quatre télescopes mobiles de 1,80 m de diamètre.
Le second observatoire est situé sur le volcan **MAUNA KEA**, dans l'île d'Hawaii, à 4 200 m d'altitude. Il abrite le Télescope Canada-France-Hawaii de 3,60 m de diamètre. En installant le réseau de 64 antennes de 12 m de diamètre du **RADIOTÉLESCOPE** Alma sur le plateau du Chajnantor, à 5 000 m d'altitude, dans le désert de l'Atacama au Chili, les astronomes européens disposeront, dans une dizaine d'années, de l'observatoire astronomique le plus élevé au monde.

ORBITE

Trajectoire circulaire ou elliptique décrite par une **PLANÈTE** ou un **SATELLITE** tournant autour d'un corps plus massif que lui (la **LUNE** autour de la **TERRE**, les planètes autour du **SOLEIL**, les satellites autour des planètes...). On parle aussi d'orbite pour les **FUSÉES** ou les satellites artificiels placés par les hommes autour d'une planète ou d'un satellite naturel comme la **LUNE**.

OURSE

La Grande Ourse et la Petite Ourse sont les deux **CONSTELLA-**

TIONS les plus célèbres du ciel. Toujours visibles dans la direction du nord, elles semblent tourner lentement au cours de la nuit autour de l'**ÉTOILE POLAIRE**, dernière étoile de la queue de la Petite Ourse. Les sept étoiles les plus brillantes de la Grande Ourse dessinent dans le ciel une grande casserole et servent à repérer les étoiles brillantes des autres **CONSTELLATIONS**. Par exemple, pour trouver l'étoile géante Arcturus de la constellation du Bouvier, il faut simplement prolonger l'arc formant la queue de la casserole. Quant

au W de Cassiopée, il suffit, pour le situer, de prolonger la ligne reliant la queue de la Grande Ourse et l'étoile Polaire, de la même distance.

OVNI

Un OVNI (objet volant non identifié) est un phénomène plus ou moins momentané repéré dans l'atmosphère et que ses observateurs ne peuvent expliquer au moment de son apparition.

Le plus souvent, il s'agit simplement de nuages, de jeux de lumières ou de ballons-sondes envoyés par les météorologues, ou encore d'un étage de **FUSÉE** qui s'enflamme et se désintègre dans la haute **ATMOSPHÈRE**. L'agence spatiale française, le CNES (Centre national d'études spatiales), a créé le Sepra (Service d'expertise des phénomènes rares aérospatiaux) pour enregistrer ces phénomènes et aider les autorités civiles et militaires à mieux en comprendre la nature exacte, service définitivement fermé en 2004. Le lien entre les

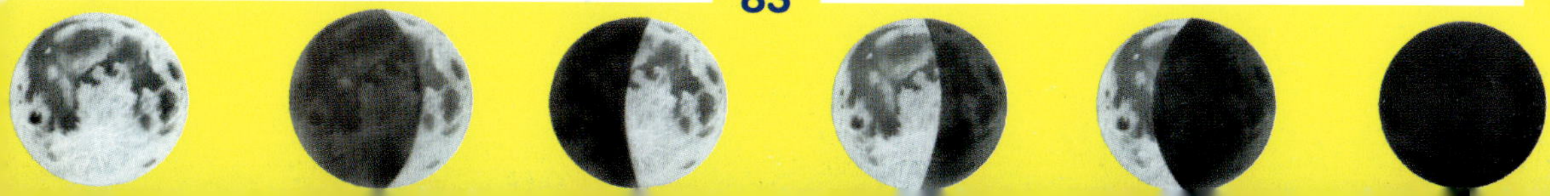

ovnis et des extraterrestres venus nous rendre visite à bord de leurs soucoupes volantes est encore loin d'être établi ! Pourtant, de nombreux astronomes travaillent à rechercher la vie dans l'UNIVERS. Ils scrutent désespérément le ciel depuis des décennies, en particulier avec leurs RADIOTÉLESCOPES, à la recherche de signes d'intelligence ou tout simplement de vie extraterrestre... sans succès jusqu'à présent.

OXYGÈNE

L'oxygène est un gaz naturel représentant 21 % de l'ATMOSPHÈRE terrestre. Indispensable au cycle de la vie, il est produit par les végétaux lors du processus de la photosynthèse, une transformation chimique qui intervient par l'intermédiaire des feuilles grâce à la LUMIÈRE du SOLEIL. Il est consommé par les animaux et par les plantes pour leur respiration (sans oxygène, pas de vie). Entrant dans la composition de l'eau, il représente à lui seul 87 % de la MASSE des océans et 59 % de celle de la croûte terrestre.

C'est en cherchant l'oxygène et ses dérivés (comme l'ozone) dans les atmosphères des planètes situées hors de notre SYSTÈME SOLAIRE que les astronomes espèrent prouver un jour que la vie a pu se développer ailleurs que sur la TERRE : une grande quantité d'oxygène est en effet un indice fort de la présence d'êtres vivants, en particulier de plantes. La mission Darwin de l'Agence spatiale européenne, composée de six TÉLESCOPES flottant dans l'espace reliés par des faisceaux lasers, devrait permettre, vers 2015, d'étudier les planètes situées hors de notre système solaire et d'y découvrir d'éventuelles traces de vie primitive grâce à l'analyse de la composition chimique de leur atmosphère.

PATHFINDER

La SONDE américaine *Mars Pathfinder* a été lancée au mois de décembre 1996 et s'est posée sur la PLANÈTE MARS après un voyage de sept mois. Les ingénieurs de la Nasa ont profité de cette mission pour réaliser plusieurs prouesses techniques. Tout d'abord, l'atterrissage n'a pas nécessité une mise en ORBITE autour de la planète, comme c'est généralement le cas : le voyage était direct et la sonde est entrée tout droit dans l'ATMOSPHÈRE, freinée par un bouclier thermique puis par un parachute, avant de rebondir plusieurs fois sur le sol, protégée par de gros « air-bags » de 24 ballons. Ensuite, c'est la première fois qu'un robot, sorti de la sonde, se déplaçait sur la surface de Mars : *Sojourner* pouvait soit être piloté depuis la Terre, soit évoluer tout seul en évitant les obstacles. Pendant trois mois, la mission a envoyé près de 17 000 images de la surface de Mars et effectué 8,5 millions de mesures concernant la température, la pression et les vents martiens. *Sojourner* s'est déplacé sur une distance totale de 100 m autour de son site d'atterrissage en 230 manœuvres. Il a réalisé des analyses de la roche et du sol et exploré en tout 250 m² de surface martienne. L'atterrisseur *Pathfinder* a fonctionné 3 fois plus que sa durée de vie théorique (trente jours) et le petit robot *Sojourner* 12 fois plus que la sienne (sept jours).

PESANTEUR

La pesanteur est l'une des conséquences de la GRAVITATION. C'est elle qui fait tomber un objet lorsqu'on le lâche.

Selon la légende, c'est d'ailleurs en recevant une pomme sur la tête que NEWTON a eu, en 1666, l'idée de sa théorie de la GRAVITATION universelle. C'est également en raison de sa pesanteur que la LUNE et les SATELLITES artificiels

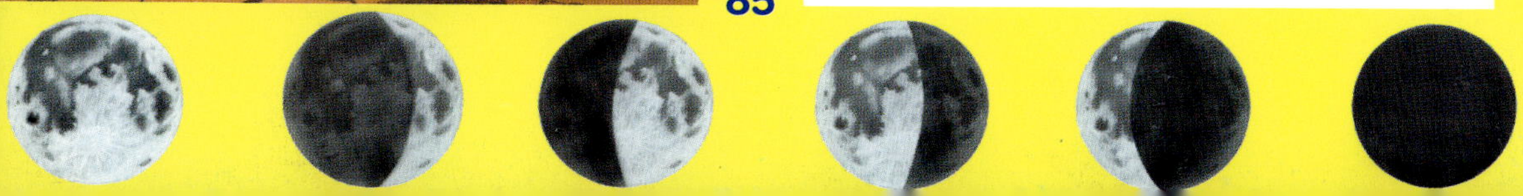

tournent autour de la **TERRE** : seule leur vitesse orbitale les empêche de tomber sur notre **PLANÈTE**, un peu comme une balle que l'on fait tourner au bout d'une ficelle. Pour faire retomber un satellite sur la Terre, il suffit de le ralentir.

PHASES

La phase représente la partie éclairée d'un **ASTRE** visible depuis la **TERRE**.

Seules la **LUNE**, **MERCURE** et **VÉNUS**, situées entre le **SOLEIL** et nous, présentent des phases. Lorsque le Soleil les éclaire par-derrière, nous ne les voyons pas du tout. Pour la Lune, c'est ce que nous appelons la nouvelle lune. Lorsqu'elles sont éclairées de face, nous les voyons entières : pour la Lune, c'est la pleine lune. Entre ces deux phases extrêmes, il y a les quartiers, lorsque nous ne voyons qu'un croissant plus ou moins large, car le Soleil éclaire l'astre de côté.
On reconnaît facilement le premier et le dernier quartiers : le premier a la forme de la boucle du « p », la première lettre du mot « premier », et le dernier, celle du « d », la première lettre du mot « dernier ».

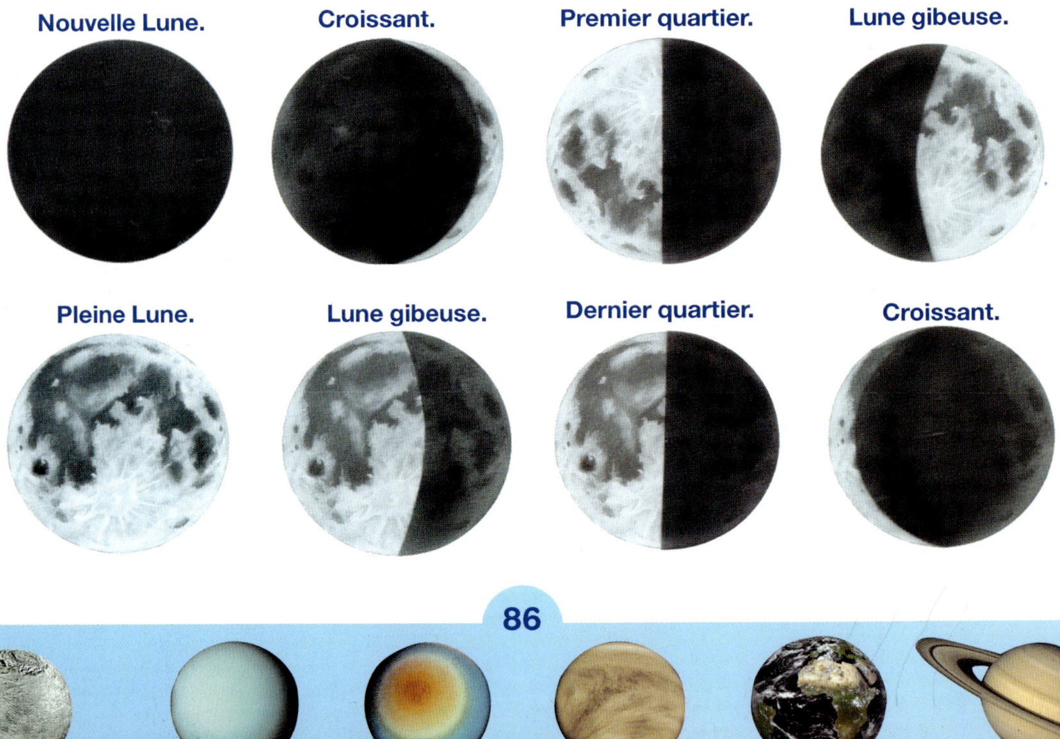

PIC DU MIDI

(VOIR LE PIC DU MIDI PP.88-89)

C'est l'un des plus célèbres **OBSERVATOIRES ASTRONOMIQUES** français du xxe siècle, situé à 2 880 m d'altitude dans les Hautes-Pyrénées.

L'observatoire du pic du Midi, fondé en 1878, servait au début de station météorologique. Ce n'est que dans les années 1930 que l'ASTRONOMIE y a vraiment commencé. Le site bénéficie d'une exceptionnelle pureté de ciel, d'un air sec, transparent et souvent remarquablement stable : des conditions excellentes pour l'observation des ASTRES. C'est au pic du Midi que l'astronome Bernard Lyot a pu mettre au point son célèbre coronographe pour l'observation des couches extérieures du SOLEIL.
Abritant un TÉLESCOPE de 2 m de diamètre depuis la fin des années 1970, l'observatoire du pic du Midi est célèbre pour ses magnifiques images de la surface granuleuse du Soleil. Depuis l'an 2000, il est séparé en deux parties : l'une pour les astronomes qui travaillent sur le site en mission temporaire ou à plein temps et l'autre pour les touristes qui visitent l'observatoire et profitent du merveilleux panorama sur la chaîne des Pyrénées.

PIONEER

Destinées à l'exploration du **SYSTÈME SOLAIRE**, 13 **SONDES** Pioneer furent envoyées par les Américains à partir d'octobre 1958, certaines vers la Lune, d'autres vers **VÉNUS**, **JUPITER** et **SATURNE**, d'autres encore vers le **SOLEIL**.

***Pioneer 6* et *8* sont toujours actives : elles envoient régulièrement des données concernant le Soleil, en particulier sur le VENT SOLAIRE. *Pioneer 10* fut la première sonde à survoler Jupiter, en décembre 1973. Elle a maintenant quitté le système solaire en direction des ÉTOILES. Malheureusement, elle ne transmet plus d'informations. Muette depuis février 2003, elle continue sa route vers les étoiles à la vitesse de 44 000 km/h. À cette allure, elle devrait atteindre... dans**

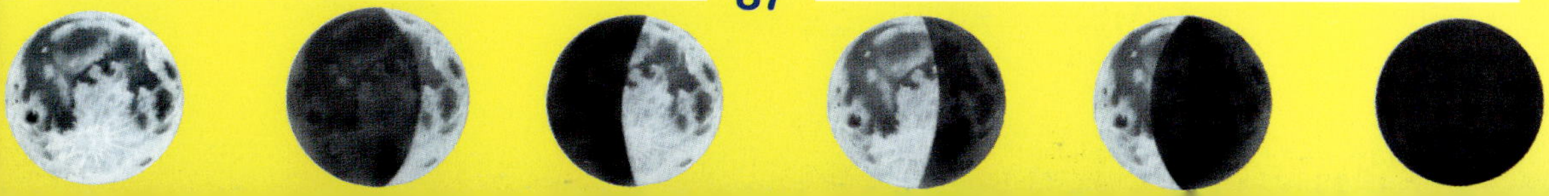

LE PIC DU MIDI

Le message de Pioneer 10.

11 000 ans, la première étoile, l'étoile de Barnard, située à 3,8 ANNÉES-LUMIÈRE de distance, puis la chaude et brillante Altaïr ainsi qu'une bonne dizaine d'autres étoiles dans les 800 000 années à venir !
Pioneer 11 **nous a envoyé quant à elle de magnifiques images de Jupiter, puis de Saturne. Aujourd'hui, elle quitte à son tour le système solaire, ayant perdu tout contact avec la TERRE depuis novembre 1995. Les deux sondes emportent avec elles un message de l'humanité vers les étoiles gravé sur une plaque dorée.**

PLANÈTE

Contrairement aux ÉTOILES qui émettent de la LUMIÈRE, les planètes ne font que réfléchir la lumière de l'étoile autour de laquelle elles tournent.

Neuf planètes tournent autour du SOLEIL, notre étoile : MERCURE,

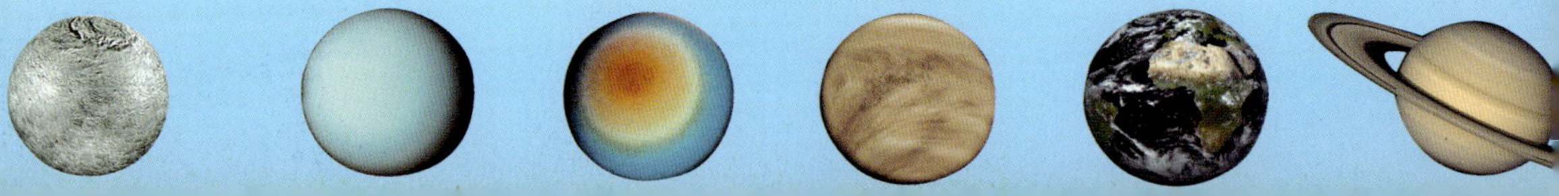

VÉNUS, la TERRE, MARS, JUPITER, SATURNE, URANUS, NEPTUNE et PLUTON. La plus grosse, Jupiter, a un diamètre environ 11 fois plus grand que celui de la Terre. La plus petite (et la plus lointaine), Pluton, est 5 fois plus petite que la Terre. Aujourd'hui, les astronomes ne la considèrent plus vraiment comme une planète mais comme un gros ASTÉROÏDE. L'ensemble forme le SYSTÈME SOLAIRE, qui contient aussi des astéroïdes et des COMÈTES. On a récemment découvert qu'il existe d'autres « systèmes » autour de nombreuses autres étoiles, avec d'autres planètes, que l'on appelle planètes extrasolaires ou exoplanètes.

PLUTON

Neuvième et dernière **PLANÈTE** du **SYSTÈME SOLAIRE** en partant du **SOLEIL**. Comme l'**ORBITE** de Pluton est très aplatie, la planète ne tourne pas en rond autour du Soleil, mais s'en éloigne beaucoup pendant une bonne partie de son trajet. Ainsi, elle se trouve parfois à 48 **UNITÉS ASTRONOMIQUES** du Soleil et parfois beaucoup plus près, à 30 u.a. Diamètre : 2 390 km (à peine les deux tiers de la **LUNE**).Vitesse de **ROTATION** : 6,4 jours terrestres (en sens inverse comme **VÉNUS** et **URANUS**). Vitesse de **RÉVOLUTION** autour du Soleil : 248 années terrestres.

Pluton a été découverte il y a moins d'un siècle, en 1930 ! Comme elle

Pluton et son satellite Charon.

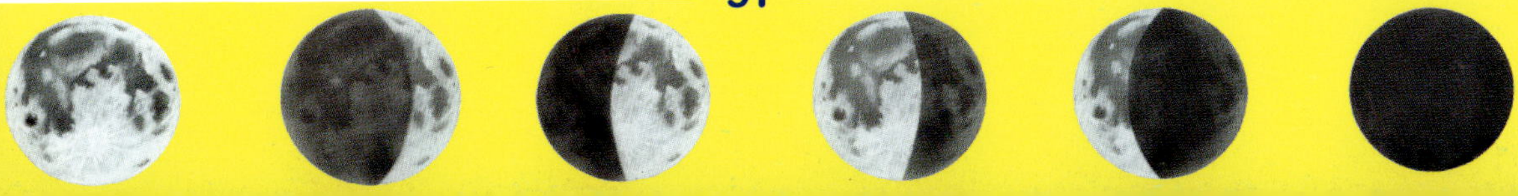

possède un **SATELLITE**, Charon, 2 fois plus petit qu'elle et très proche, les deux **ASTRES** ressemblent aux deux poids d'un gigantesque haltère de 20 000 km de long tournant sur lui-même en 6,4 jours : un cas unique dans le système solaire. En fait, depuis quelques années, les spécialistes ne considèrent plus vraiment Pluton comme une planète. Ils pensent plutôt qu'il s'agit d'un gros **ASTÉROÏDE**.
Son sol est recouvert de gaz gelé… à la température de – 233 °C.

PROTUBÉRANCES

Les protubérances solaires se présentent sous la forme d'arches, de jets, de rubans ou de boucles de matière, plus froides (4 000 degrés) et plus denses que la matière de la couche externe du **SOLEIL** (la photosphère, à la température moyenne de 6 000 degrés). Elles jaillissent le plus souvent des **TACHES** visibles à la surface du Soleil. On peut les observer par exemple lors des **ÉCLIPSES** totales de Soleil. Lors des périodes d'intense activité, les plus grandes protubérances rejettent dans l'espace d'immenses quantités de particules très énergétiques. Ces particules, que l'on appelle le **VENT SOLAIRE**, bombardent le **SYSTÈME SOLAIRE**. Lorsqu'elles rencontrent la **TERRE**, elles produisent les grandes aurores boréales et australes, ces draperies lumineuses que l'on peut observer dans le ciel, depuis les régions polaires.

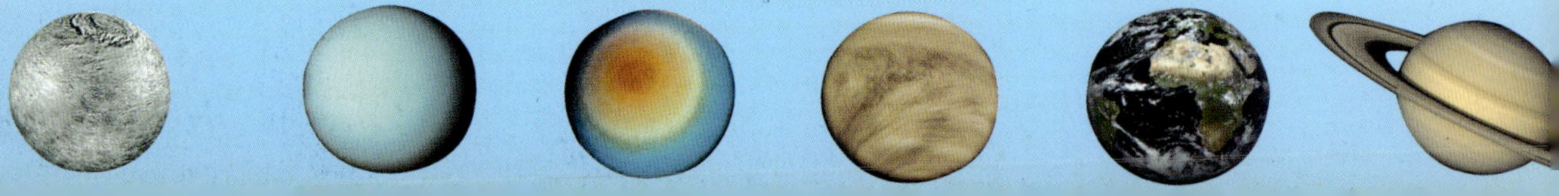

PTOLÉMÉE, CLAUDE

(100-170 APR. J.-C.)

Mathématicien, astronome et géographe grec, Ptolémée est l'auteur de *la Grande Syntaxe mathématique*, parvenue en Occident par l'intermédiaire des astronomes arabes sous un autre titre : l'*Almageste*.

Cet ouvrage regroupe toutes les connaissances acquises à son époque et reste la référence en ASTRONOMIE pendant presque 1 300 ans, jusqu'à COPERNIC et GALILÉE. Ptolémée y développe le système GÉOCENTRIQUE, conforme aux principes de la physique d'ARISTOTE et aux observations de l'époque. Dans ce système, la TERRE trône, immobile, au centre de l'UNIVERS.
Également intéressé par l'ASTROLOGIE, Ptolémée tente de mettre en évidence l'influence des ASTRES sur les événements terrestres. Il est aussi l'auteur de travaux importants dans le domaine de la géographie et de la physique. Dernier des grands astronomes de la célèbre bibliothèque d'Alexandrie, sa vie est beaucoup moins connue que son œuvre. S'il est probablement le plus génial rassembleur de connaissances qui ait jamais existé, il semble qu'il n'a lui-même été qu'un astronome peu inventif, ses propres travaux n'ayant apporté aucune connaissance astronomique nouvelle.

PULSAR

C'est ce qui reste du cœur d'une ÉTOILE SUPERGÉANTE après son explosion en SUPERNOVA.

Les pulsars tournent sur eux-mêmes et ressemblent à de puissants phares du cosmos, balayant l'espace de leurs faisceaux lumineux. La LUMIÈRE des plus rapides est visible 1 000 fois par seconde ! Celle des plus lents, 1 fois toutes les 10 secondes.
À l'heure actuelle, on a repéré plus de 400 pulsars dans le ciel grâce aux RADIOTÉLESCOPES.

QUASAR

Les quasars sont les cœurs actifs des jeunes GALAXIES, où des

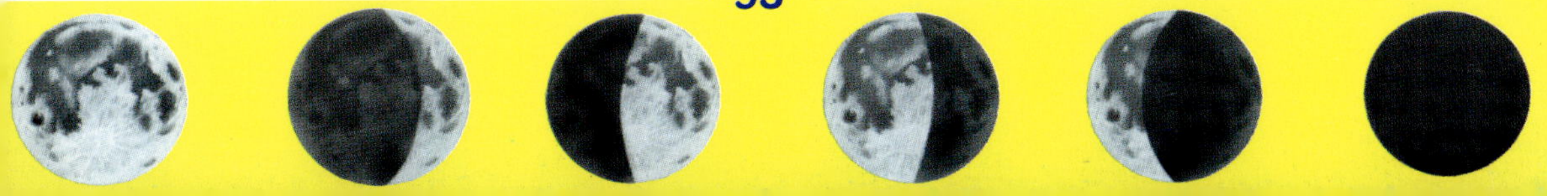

flambées de millions d'ÉTOILES se produisent. Ce sont aussi les ASTRES visibles les plus lointains de l'UNIVERS. Leur LUMIÈRE a mis une dizaine de milliards d'années pour voyager dans l'espace jusqu'à nous. C'est-à-dire que ce que nous voyons aujourd'hui a en fait 10 milliards d'années, donc presque l'âge de l'Univers lui-même (13 milliards d'années environ).
Quand les astronomes observent les quasars, ils observent ce qui se passait dans l'Univers à peine 3 milliards d'années après le BIG-BANG : ils assistent au début de l'existence des galaxies !

RADIOTÉLESCOPE

Ce sont les instruments d'observation astronomique qui enregistrent les ondes radio.

Les ASTRES n'envoient pas seulement de la LUMIÈRE visible. Ils émettent aussi des ondes électromagnétiques invisibles : ultraviolets, rayons X, gamma, infrarouges,

Le radiotélescope d'Effelsberg (Allemagne).

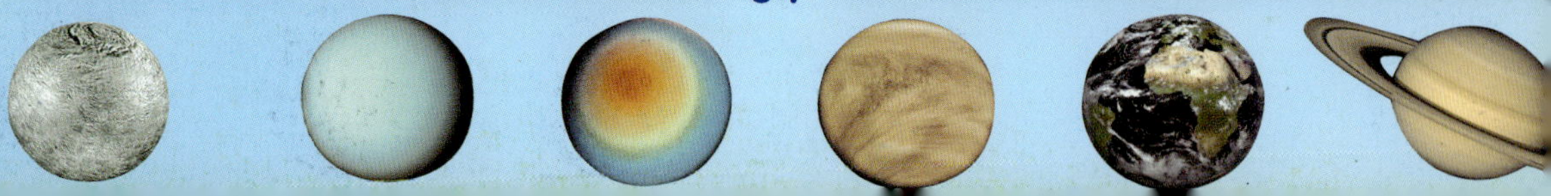

ondes radio… Grâce aux radiotélescopes, les astronomes perçoivent des détails impossibles à capter avec un TÉLESCOPE normal à miroirs. Par exemple, on a pu ainsi dessiner la carte de notre GALAXIE ou observer des galaxies très éloignées de nous.

RELATIVITÉ

En physique, la relativité tente d'expliquer les mouvements des corps les uns par rapport aux autres. Un bon exemple est celui du voyageur assis dans un train dont il attend le départ. Il ne voit par sa fenêtre que le train d'à côté. Soudain, il voit le train d'à côté bouger. Est-ce lui qui a démarré ou l'autre ?

GALILÉE, au XVIIe siècle, avait déjà compris que le mouvement, mesuré par la vitesse, n'était qu'une question de point de vue, dépendant de l'observateur : le mouvement n'était donc que relatif. EINSTEIN, au début du XXe siècle, alla plus loin en suggérant que si le mouvement était relatif, c'est parce que les notions de temps et d'espace l'étaient aussi : c'est le fondement de la théorie de la relativité restreinte (1905). On ne peut définir le moment où un événement se produit sans préciser l'endroit où il a lieu : l'espace et le temps sont intimement liés.

En approfondissant ces idées, Einstein en vint à suggérer que le mouvement des corps n'est pas déterminé par les forces qui les attirent, comme NEWTON l'affirmait au XVIIIe siècle, mais par la configuration de l'espace-temps lui-même : c'est la théorie de la relativité générale (1915). On peut comparer l'espace à une sorte de tissu élastique bien tendu. Pour simuler une ÉTOILE (le SOLEIL par exemple), on y dépose une bille : celle-ci s'enfonce dans le tissu et y forme un creux, d'autant plus profond que la bille est lourde. Si on fait rouler une bille plus petite (une PLANÈTE) dans sa direction, elle va suivre une ligne droite puis tomber dans le creux en accélérant.

Si on vise bien, on peut même réussir à la faire tourner au bord du trou, comme une planète en ORBITE autour du Soleil. Ainsi, c'est la courbure de l'espace qui fixe le mouvement de la bille et non la force qu'exerce la grosse bille sur la petite.

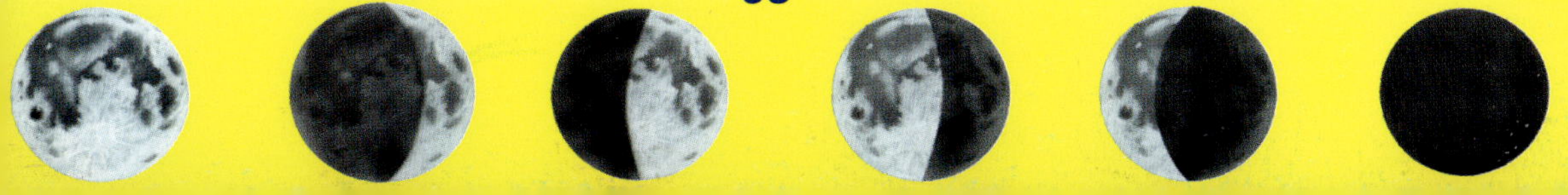

ROTATION ET RÉVOLUTION

Les astronomes réservent le terme de rotation au mouvement de toupie des ASTRES sur eux-mêmes, et celui de révolution au mouvement de certains astres autour d'un autre astre plus massif, comme celui des PLANÈTES autour du SOLEIL. Ainsi, la vitesse de rotation de la TERRE (le temps qu'elle met à faire un tour sur elle-même) est d'un peu plus d'un tour en 24 heures, tandis que sa vitesse de révolution (le temps de faire un tour complet autour du Soleil) est d'un peu moins d'un tour en 365 jours. La rotation sur elles-mêmes des planètes du SYSTÈME SOLAIRE ne se fait pas toujours dans le même sens : VÉNUS et NEPTUNE tournent dans le sens inverse des autres. Mais la révolution autour du Soleil se produit dans le même sens pour toutes. Chaque planète possède une durée de rotation et une durée de révolution différentes de celles des autres. Par exemple, Vénus met paresseusement 243 jours à tourner sur elle-même alors que JUPITER boucle son tour sur elle-même en 10 heures !

ROVER

Le rover est un véhicule robotisé autonome tout-terrain, éventuellement piloté à distance, utilisé pour l'exploration des surfaces planétaires.

Le plus célèbre est le Lunar Rover Vehicule, jeep biplace emportée sur la LUNE par les ASTRONAUTES des missions APOLLO 15, 16 et 17, et qui leur a permis, en 1971 et 1972, de couvrir plusieurs dizaines de kilomètres autour des sites d'alunissage, pour aller explorer la région et récupérer des échantillons de roche. Le premier rover envoyé sur MARS fut le petit robot *Sojourner* de la mission PATHFINDER, qui s'est déplacé sur le sol martien en 1997 pendant trois mois,

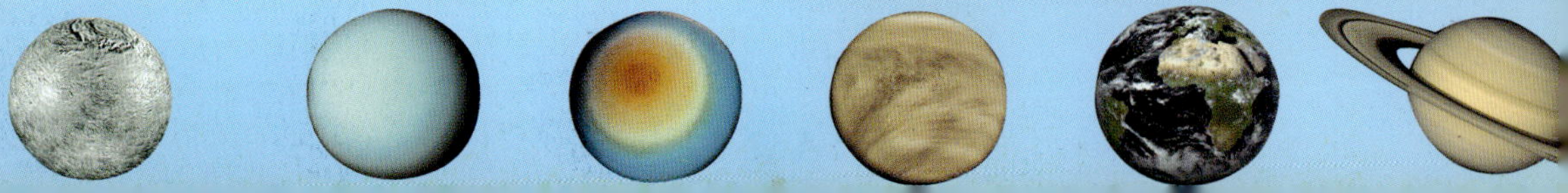

analysant les roches et le sol et prenant des images sous différents angles de vue.
En janvier 2004, les rovers américains *Spirit* et *Opportunity* se sont posés sur le sol de la planète rouge. Autour des sites d'atterrissage, ces robots-géologues ont pour mission d'analyser le sol pour y trouver des traces de vie, même fossilisées.

SATELLITE

(VOIR LES SONDES ET SATELLITES PP. 98-99)

Il existe des satellites naturels et des satellites artificiels. Les premiers sont des blocs de matière plus ou moins gros, maintenus en **ORBITE** autour d'une planète par sa force d'attraction. **IO**, Europe, **GANYMÈDE** et Callisto, par exemple, sont les quatre principaux satellites de **JUPITER**. La **LUNE** est le seul satellite naturel de la **TERRE**.
Les satellites artificiels sont des engins spatiaux fabriqués par l'homme et placés en orbite autour de la **TERRE**, de la **LUNE** ou des autres **PLANÈTES** du **SYSTÈME SOLAIRE**. Ceux qui sont placés en orbite autour de la Terre servent aux télécommunications, aux observations météorologiques, parfois même à l'espionnage militaire... Certains sont utilisés pour l'observation de l'espace ou du **SOLEIL**. Enfin, des satellites sont parfois placés par les hommes en orbite autour d'autres planètes pour observer celles-ci de près, en cartographier la surface, détecter dans leur **ATMOSPHÈRE** la présence éventuelle des composants chimiques favorables à l'apparition de la vie...

SATURNE

Sixième **PLANÈTE** du **SYSTÈME SOLAIRE** en partant du **SOLEIL**, elle se situe à 1,434 milliard de kilomètres du Soleil (9,6 **UNITÉS ASTRONOMIQUES**).
Diamètre : 9,4 fois le diamètre de la **TERRE**.
Vitesse de **ROTATION** : 11 heures terrestres.
Vitesse de **RÉVOLUTION** autour du Soleil : 29,5 années terrestres.

Saturne est la deuxième plus grosse planète du système solaire, après **JUPITER**. Le magnifique

SONDES ET SATELLITES

Rosetta

Cassini

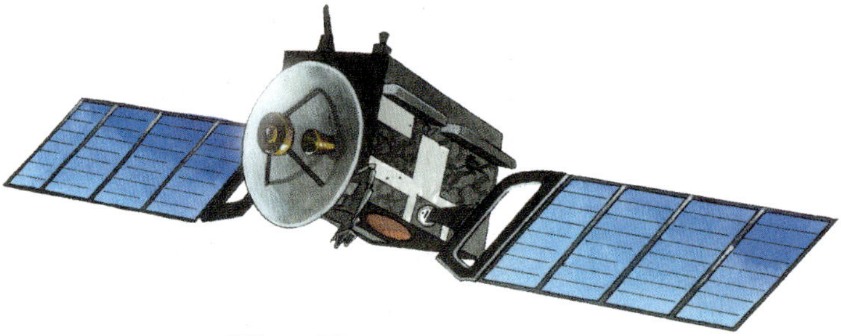

Mars Express

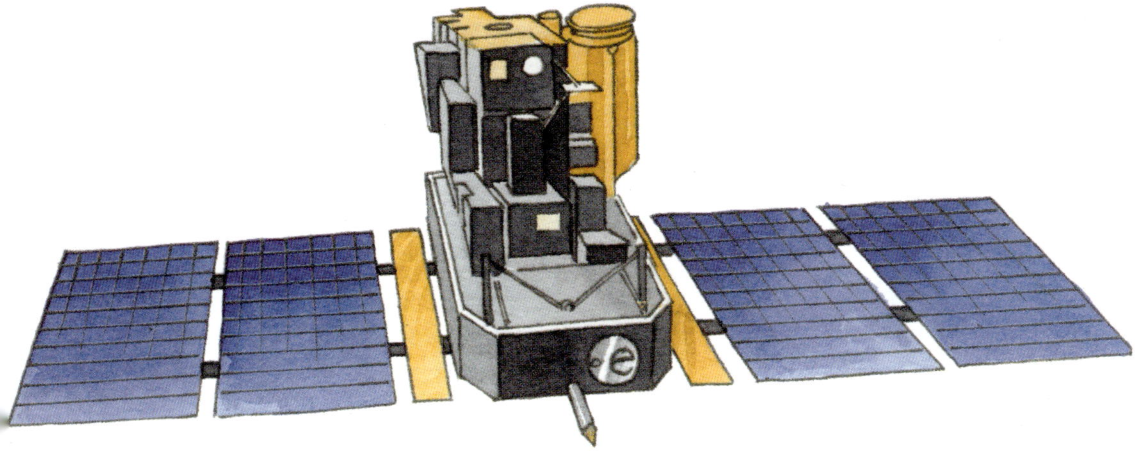

Soho

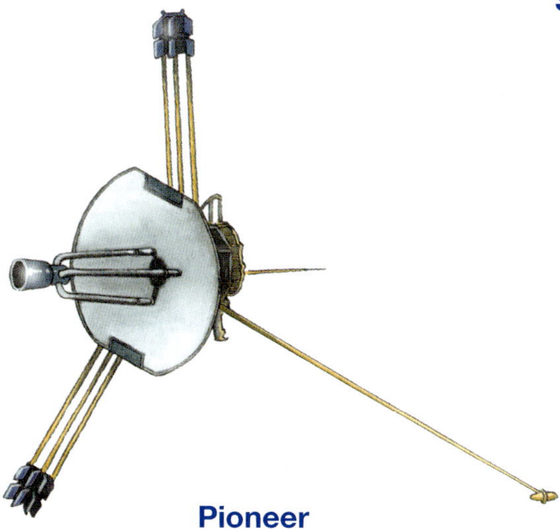

Pioneer

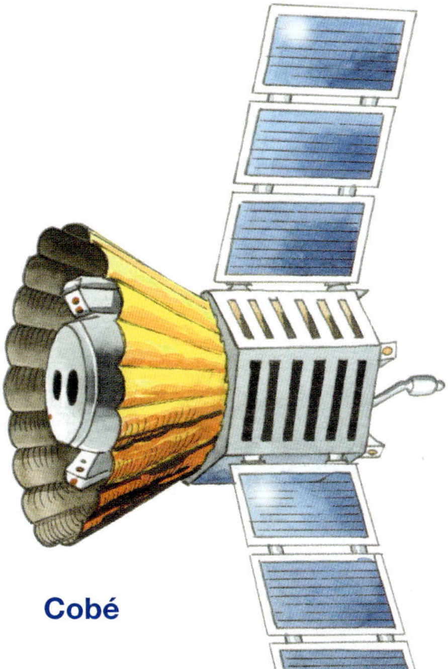

Cobé

système d'ANNEAUX qui l'entoure la rend très facilement reconnaissable au TÉLESCOPE. Saturne a la particularité d'être très aplatie aux pôles et d'être la planète la moins dense du système solaire : si on pouvait la plonger dans un immense océan, elle y flotterait. On dénombre actuellement autour de la planète plus d'une trentaine de SATELLITES naturels, dont le plus gros, TITAN, possède une ATMOSPHÈRE d'azote et peut-être même des océans de gaz liquéfié. Cette dernière information est capitale : elle permet de supposer qu'il pourrait y avoir des traces d'une vie primitive sur Titan, certainement très différente de celle qui s'est développée sur la Terre. La double SONDE américano-européenne CASSINI-*Huygens* a atteint Saturne et son système d'anneaux et de satellites en juillet 2004, après un voyage de presque sept années. En janvier 2005, la sonde *Huygens* doit être larguée dans l'atmosphère de Titan !

SIRIUS

Sirius est l'ÉTOILE
la plus brillante du ciel.

Si le SOLEIL nous semble plus brillant, c'est uniquement parce qu'il est situé beaucoup plus près de nous. Sirius appartient à la CONSTELLATION du Grand Chien. Située à seulement 8,6 ANNÉES-LUMIÈRE de nous, c'est une étoile 2 fois plus massive que le Soleil et 24 fois plus lumineuse. Dans l'ancienne Égypte, le moment où Sirius se levait juste avant le Soleil était attendu chaque année avec espoir, car il annonçait la fin de la canicule et la crue du Nil, nécessaire pour irriguer les cultures.

SKYLAB

Skylab est une station expérimentale, à la fois maison et laboratoire de l'espace, lancée par les États-Unis en mai 1973 pour étudier les réactions de l'homme en séjour prolongé dans l'espace.

Placé en ORBITE à 435 km d'altitude, Skylab est un cylindre long de 24,60 m et large de 6,60 m. Tirant son énergie de quatre longs panneaux solaires, l'intérieur de Skylab est confortablement aménagé, avec une chambre pour chaque ASTRONAUTE, une pièce principale faisant fonction de cuisine, de salle à manger et de salle de détente, ainsi qu'un grand espace réservé au travail de laboratoire, comportant 58 instruments pour la recherche scientifique. La station est également équipée de plusieurs TÉLESCOPES destinés à l'observation du SOLEIL et du ciel mais aussi à l'observation de la TERRE. En tout, trois équipages s'y sont succédé pendant 28, 59 et 84 jours, avant que Skylab ne retombe dans l'ATMOSPHÈRE en se désintégrant au-dessus de l'océan Indien et de l'Australie, en juillet 1979.

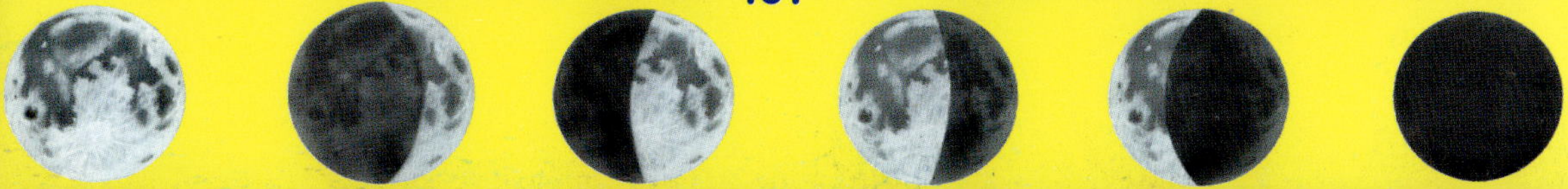

SOHO

Fruit d'une collaboration entre la NASA et l'ESA, la SONDE spatiale *Soho* observe le SOLEIL en continu depuis 1996. *Soho* a été lancée de la base américaine du Cap Canaveral en décembre 1995 et placée entre la TERRE et le Soleil, à environ 1,5 million de kilomètres de la Terre (soit plus de 4 fois la distance Terre-LUNE). À cause d'une erreur des ingénieurs de la Nasa, son contact a été perdu pendant un mois en juin 1998 ; il a pu être rétabli grâce au RADIOTÉLESCOPE géant d'ARECIBO, à Porto Rico. Après la recharge des batteries solaires et le dégel du carburant, la sonde est pleinement opérationnelle depuis septembre 1998.
Constamment orientée vers le Soleil, *Soho* étudie ses oscillations, le chauffage de la couronne solaire et l'origine du VENT SOLAIRE. Ainsi, l'activité de notre étoile est surveillée étroitement 24 heures sur 24 !

SOLEIL

Le Soleil est une ÉTOILE ordinaire sauf qu'il s'agit de la plus proche de nous, située à seulement 150 millions de kilomètres. Mais cette particularité change tout pour nous ! Notre TERRE tourne autour du Soleil, qui nous éclaire et nous chauffe. Sans sa présence, il n'y aurait certainement pas de vie sur notre PLANÈTE. Certains peuples, comme les Incas d'Amérique centrale ou les Égyptiens de l'époque des pharaons le vénéraient comme leur dieu suprême.

Gigantesque boule d'HYDROGÈNE, sa MASSE, c'est-à-dire sa quantité de matière, représente 330 000 fois la masse de la TERRE, soit 2 milliards de milliards de milliards de tonnes. À lui seul, le Soleil possède près de 99,9 % de la masse totale du SYSTÈME SOLAIRE. Pourtant, le Soleil n'est classé que comme une étoile NAINE parmi les étoiles de la GALAXIE !

Lorsque la LUNE vient s'intercaler entre le Soleil et nous, elle masque entièrement le disque lumineux en créant une ÉCLIPSE. On peut alors observer le Soleil avec des instruments d'observation spécialisés et voir les PROTUBÉRANCES, ces immenses jets de matière qui s'élancent à la surface de l'étoile.

Âgé de 5 milliards d'années environ, notre Soleil continuera à consommer son hydrogène pendant encore 5 autres milliards d'années. Puis il gonflera progressivement pour devenir une étoile GÉANTE ROUGE d'un diamètre égal à 25 fois son diamètre actuel. Mercure et Vénus seront « avalées » depuis longtemps et il fera si chaud sur Terre qu'il n'y aura plus de Terriens, à moins qu'ils n'aient réussi à trouver, entre-temps, une autre planète plus lointaine à coloniser ! Perdant ensuite une partie de son enveloppe extérieure qui se

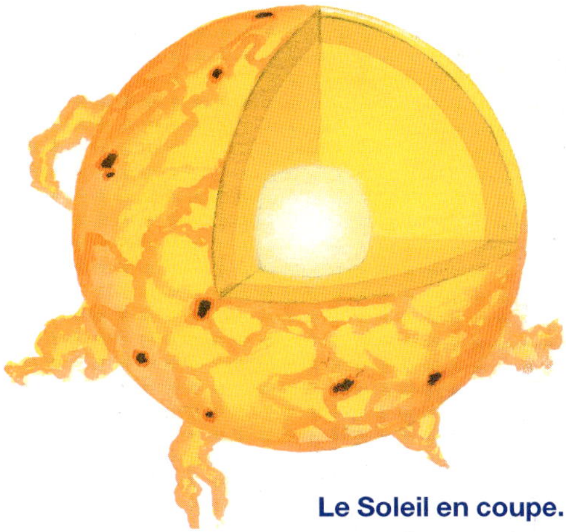

Le Soleil en coupe.

diluera dans l'espace, le Soleil terminera sa vie sous la forme d'une naine blanche, pas plus grosse que la Terre.

SONDE SPATIALE

(VOIR LES SONDES ET SATELLITES PP. 98-99)

Contrairement aux **SATELLITES** artificiels et aux **STATIONS ORBITALES** qui tournent en orbite autour de la **TERRE**, les sondes spatiales sont des engins automatiques (non habités) envoyés dans le **SYSTÈME SOLAIRE** pour étudier les **PLANÈTES**, les **ASTÉROÏDES**, les **COMÈTES**, le **SOLEIL** ou le milieu interplanétaire.

Les sondes permettent d'aller observer des zones trop éloignées ou trop dangereuses pour y envoyer des hommes. Elles sont d'abord lancées dans l'espace par des **FUSÉES**. Puis on leur fait suivre une trajectoire très précise qui permet d'accélérer leur vitesse en utilisant la force d'attraction de certaines planètes : la Terre, la **LUNE**, **VÉNUS** et quelques autres. Cette « assistance gravitationnelle » permet de réduire la quantité de carburant nécessaire au voyage pour emporter plus d'instruments scientifiques. Plus d'une dizaine de sondes sont actuellement toujours actives et opérationnelles dans le système solaire.

SPECTRE LUMINEUX

La **LUMIÈRE** du **SOLEIL**, qui nous apparaît d'une blancheur légèrement jaunâtre, peut en fait se décomposer en plusieurs couleurs allant du rouge au violet, telles qu'on les voit dans un arc-en-ciel. Cette série de couleurs s'appelle le spectre lumineux. C'est son découvreur, Isaac **NEWTON**, qui lui a donné ce nom. Si les couleurs principales que nous pouvons voir à l'œil nu sont le rouge, l'orange, le jaune, le vert, le bleu et le violet (ainsi que toutes les couleurs intermédiaires), il existe d'autres rayonnements invisibles à l'œil nu de chaque côté du spectre visible : l'infrarouge et les ondes radio du côté du rouge, et l'ultraviolet, les rayons X et gamma du côté du violet. Selon leur température, leur composition chimique, leur

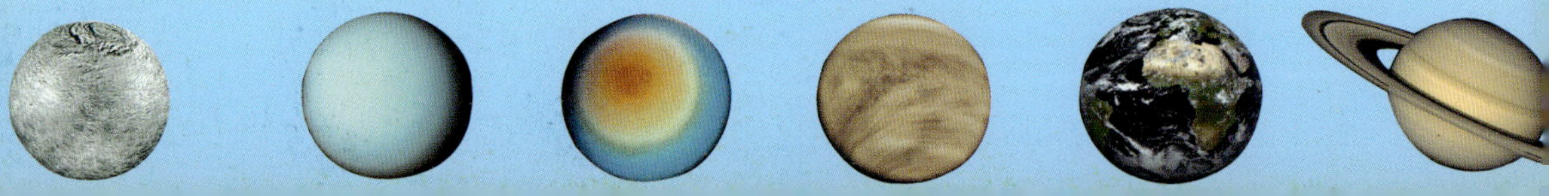

mouvement, etc., les astres montrent des spectres différents. Ainsi, en se servant de spectroscopes (instruments d'analyse des spectres), les astronomes parviennent à déduire la composition chimique des **ASTRES** lointains (**ÉTOILES**, **NÉBULEUSES**, **GALAXIES**, etc.) encore impossibles à explorer avec des **SONDES**. Ils peuvent aussi mesurer à distance la température, la pression, la gravité, la vitesse, etc., de ces astres. Cette technique est extrêmement utile pour étudier les astres situés en dehors de notre **SYSTÈME SOLAIRE**.

SPOUTNIK

En russe, *spoutnik* signifie compagnon de voyage.

Lancé le 4 octobre 1957 par l'URSS, *Spoutnik 1* fut le premier **SATELLITE** artificiel de l'histoire de la conquête spatiale. Cette petite sphère de 58 cm de diamètre et d'un poids de 84 kg, dotée de quatre antennes, bouclait son tour de la **TERRE** toutes les 97 minutes entre 230 et 950 km d'altitude, envoyant au monde entier son célèbre « bip-bip ». Elle fut suivie par le gros satellite de

Spoutnik entre dans l'atmosphère.

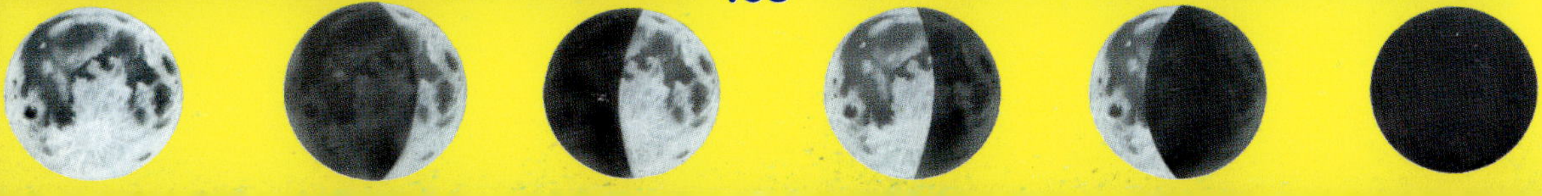

500 kg, *Spoutnik 2*, lancé le 3 novembre 1957, emportant la petite chienne LAÏKA, premier être vivant dans l'espace. *Spoutnik 1* et *2* se désintégrèrent en rentrant dans l'ATMOSPHÈRE terrestre, respectivement le 4 janvier et le 14 avril 1958.

STATION ORBITALE

Sortes de grandes maisons tournant autour de la Terre, les stations orbitales ont des fonctions multiples : laboratoires de recherche, plates-formes d'observation, bases de lancement de SATELLITES...

Ce sont des installations permanentes pouvant accueillir des ASTRONAUTES pour de longues périodes. Les stations SKYLAB, américaine, Saliout et MIR, russes, furent respectivement utilisées dans les années 1970, 1980 et 1990. Si les Chinois envisagent seuls la construction d'une petite station orbitale, les Américains, les Russes, les Européens, les Japonais, les Canadiens et les Brésiliens se sont associés pour construire la station spatiale internationale ISS (*International Space Station* en anglais) dont la construction, qui a commencé en novembre 1998, devrait s'achever en 2006. Elle pourra accueillir sept astronautes à son bord jusqu'en 2015.

ISS.

SUPERGÉANTE

Les ÉTOILES les plus massives (8 fois la MASSE du SOLEIL), après avoir transformé tout leur HYDROGÈNE en HÉLIUM, se dilatent jusqu'à atteindre 20 000 fois le diamètre du Soleil en émettant une LUMIÈRE 100 000 fois plus forte. Elles sont devenues des super-

géantes rouges. Dans leur cœur, les transformations chimiques s'accélèrent : l'hélium est transformé en carbone et en OXYGÈNE, qui seront transformés à leur tour en néon et en magnésium, etc. Cela prend « à peine » quelques millions d'années.
Puis l'étoile finit par exploser en SUPERNOVA. L'explosion projette alors tous les éléments chimiques dans l'espace, qui se mélangent dans les NÉBULEUSES et se retrouvent dans les ATMOSPHÈRES des PLANÈTES.

SUPERNOVA

Au terme de leur vie, les ÉTOILES les plus MASSIVES se dilatent pour devenir des SUPERGÉANTES qui finissent par exploser. Au moment de l'explosion et pendant une très courte période (quelques jours seulement), la quantité de LUMIÈRE émise par l'étoile peut être équivalente à 10 milliards de fois celle émise par le SOLEIL. De la TERRE, on voit alors une étoile incroyablement lumineuse : c'est une supernova. Bien que le phénomène se produise en moyenne une fois par siècle dans notre GALAXIE, la dernière n'a été observée qu'en 1604, par Johannes Kepler.
Après son explosion en supernova, l'étoile peut être entièrement détruite et toute sa matière se disperse alors dans l'espace sous la forme d'une nébuleuse. Seules les étoiles les plus massives résistent à l'explosion : leur cœur devient soit une étoile à NEUTRONS, soit ce que l'on appelle un TROU NOIR.

SYSTÈME SOLAIRE

(VOIR LE SYSTÈME SOLAIRE PP.108-109)

L'ensemble des PLANÈTES, SATELLITES, ASTÉROÏDES, etc., tournant autour du SOLEIL s'appelle le système solaire. Le mot « système » signifie qu'il s'agit d'éléments fonctionnant de façon liée, comme les pièces d'un même moteur.
Ici, les « pièces » sont d'abord le Soleil, puis les neuf planètes principales (MERCURE, VÉNUS, la TERRE, MARS, JUPITER, SATURNE, URANUS, NEPTUNE et PLUTON). Le système comprend aussi les satellites naturels des planètes, les astéroïdes, les COMÈTES, ainsi que toutes sortes de blocs de roche,

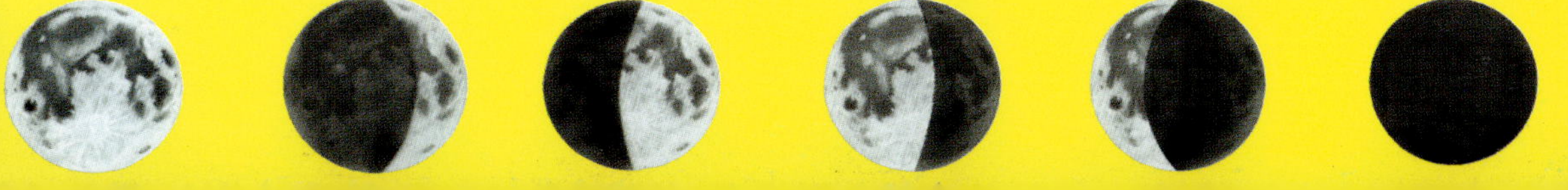

LE SYSTÈME SOLAIRE

De gauche à droite : le Soleil, Mercure, Vénus, la Terre (et la Lune à côté), Mars, Jupiter, Saturne, Uranus, Neptune, et Pluton (et son satellite Charon).

de poussières et autres particules. C'est la force de **GRAVITATION** qui en fait le lien : tous les corps du système solaire sont captifs de l'attraction exercée par le Soleil. On fixe généralement la limite extérieure du système solaire vers 40 000 **UNITÉS ASTRONOMIQUES** (40 000 fois la distance Terre-Soleil). Au-delà de cette limite, l'attraction des étoiles proches commence à l'emporter sur l'attraction exercée par notre Soleil.

TACHE SOLAIRE

Visibles à la surface du **SOLEIL** sous forme de gros points noirs, les taches solaires sont des zones légèrement plus froides que ce qui les entoure, ce qui les rend moins lumineuses.

En réalité, si on pouvait isoler une tache solaire du reste de la surface, la tache serait beaucoup plus brillante que la pleine lune ! Les plus grandes taches peuvent dépasser 25 000 km de diamètre (suffisamment grandes pour qu'on puisse y mettre plusieurs fois la Terre) et peuvent survivre plusieurs jours. Les taches sont associées aux PROTUBÉRANCES, grandes arches de matière en éruption, dont elles forment la base. Leur nombre observé annuellement augmente et décroît de manière périodique, selon un cycle de onze ans, appelé cycle solaire : lors de son maximum, on peut compter jusqu'à plus de 1 800 taches par an sur le Soleil, contre moins de 200 lors du minimum d'activité. Attention : il ne faut pas chercher à les voir à l'œil nu et ne jamais regarder le Soleil directement sous peine de s'abîmer définitivement les yeux !

TÉLESCOPE

Contrairement à la **LUNETTE ASTRONOMIQUE** qui possède une **LENTILLE** à l'entrée de son tube, les télescopes utilisent des miroirs creux (concaves) pour collecter la **LUMIÈRE** et la concentrer en un point, le foyer, où l'image peut être agrandie grâce à une loupe, l'oculaire.

Le premier télescope à miroir, utilisant un miroir grossissant 38 fois, fut inventé en 1672 par le

Schéma du trajet de la lumière.

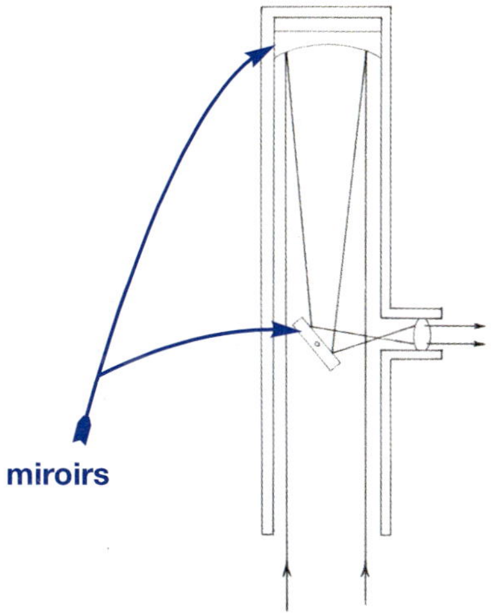

physicien britannique Isaac NEWTON. Actuellement, les plus gros télescopes sont les télescopes jumeaux américains Keck de 10 m de diamètre, installés en 1993 et en 1998 au sommet du MAUNA KEA dans l'archipel d'Hawaii. Avec le VLT, installé sur le mont Paranal au Chili, les Européens disposent actuellement du plus grand instrument, équipé de quatre miroirs de 8 m de diamètre. Avec un tel système, les astronomes sont en mesure d'observer des objets 10 000 millions de fois moins brillants que ceux visibles à l'œil nu et sont capables de distinguer des détails sur leurs images en apparence aussi petits qu'un ballon de football vu à 1 000 km. Pour les années 2020, les astronomes de l'Observatoire européen austral prévoient la construction d'un télescope géant à miroir unique de 100 m de diamètre installé sur un sommet des Andes chiliennes, 100 fois plus lumineux que les 8 m du VLT. Avec ce télescope, ils espèrent obtenir des images des PLANÈTES en ORBITE autour d'autres ÉTOILES et observer les premières étoiles à naître dans les toutes jeunes galaxies, comme aux premiers instants de l'Univers. Dans l'espace, le plus gros télescope toujours en opération est le Télescope spatial HUBBLE, de 2,40 m de diamètre, qui devrait être remplacé en 2011 par le Télescope spatial James Webb, de 6,50 m de diamètre.

TERECHKOVA, VALENTINA

(1937-)

COSMONAUTE russe, Valentina Vladimirovna Terechkova fut la première femme dans l'espace, effectuant 48 ORBITES autour de la TERRE, en 70 heures et

50 minutes à bord du vaisseau *Vostok 6*, du 16 au 19 juin 1963. Elle ne vola plus jamais, mais devint le porte-parole de la Russie et reçut des Nations unies la médaille d'or de la Paix pour ce rôle. Entre 1968 et 1987, elle présida la Commission des femmes au Soviet suprême, et fut distinguée comme « Femme du siècle » en l'an 2000. Elle est aujourd'hui à la tête du Centre international russe pour la coopération culturelle et scientifique.

TERRE

Troisième **PLANÈTE** du **SYSTÈME SOLAIRE** en partant du **SOLEIL**, (elle est située à 150 millions de kilomètres du Soleil, 1 **UNITÉ ASTRONOMIQUE**).
Diamètre : 12760 km.
Vitesse de **ROTATION** : 23,9 heures (presque 1 jour).
Vitesse de **RÉVOLUTION** autour du Soleil : 365,25 jours (un peu plus d'une année).
La Terre ne possède qu'un seul **SATELLITE** naturel, la **LUNE**.

Le centre de la Terre renferme un noyau composé surtout de fer, si chaud (6 000 degrés) qu'il fait fondre le manteau de roche épais de 2 900 km qui l'enveloppe, le transformant en lave. Sur cette couche liquide flotte une croûte solide fracturée en six plaques principales. C'est sur ces plaques que reposent les océans et les continents où nous vivons. Nos continents sont des radeaux !
Les forces et la pression qui animent cet ensemble sont telles que la croûte se fend partout où elle est moins épaisse ou moins solide et la lave jaillit à la surface : le bord des six plaques est ainsi longé par des chapelets de **VOLCANS**.
C'est ce volcanisme qui a permis l'apparition de la vie sur notre

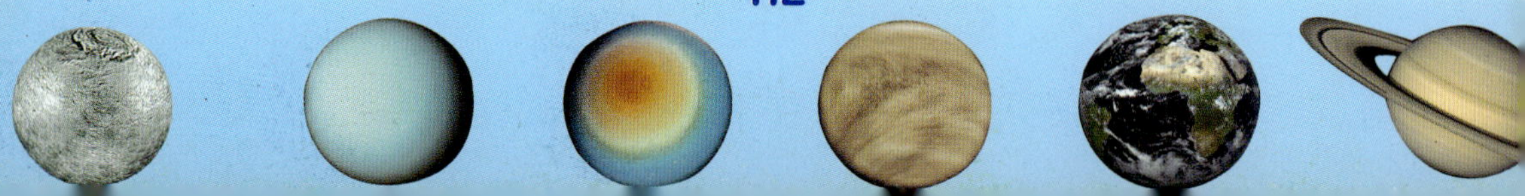

planète. Les premières éruptions volcaniques se sont produites très tôt après la formation de la Terre. Les gaz contenus dans les roches en fusion ont pu s'échapper vers l'extérieur pour former une ATMOSPHÈRE composée de différents gaz et de vapeur d'eau. En refroidissant, l'eau s'est transformée en pluies... Les océans se sont formés, créant les conditions nécessaires à l'apparition des premières formes de vie sur Terre, il y a 3,5 milliards d'années. Ce n'étaient alors que des vers, des algues... Malgré les recherches assidues des astronomes, aucune trace de vie n'a encore été trouvée sur aucune autre planète ni aucun satellite de notre système solaire.
La position de la Terre par rapport au Soleil est l'une des raisons qui font la différence. Contrairement aux autres planètes du système solaire, la Terre est assez proche du Soleil pour bénéficier de sa chaleur, mais assez éloignée pour que cette chaleur ne soit pas trop élevée : des conditions nécessaires pour le développement des organismes primitifs.
Les hommes n'ont pas toujours su que la Terre était ronde. Vers 600 av. J.-C., on la voyait comme un disque plat flottant sur l'eau ou comme un gigantesque cylindre. C'est seulement vers 350 av. J.-C. qu'ARISTOTE, un philosophe grec, émet l'hypothèse d'une Terre ronde comme une bille. Pour obtenir une preuve irréfutable, il faudra attendre près de 2 000 ans ! En 1522, l'expédition du navigateur portugais MAGELLAN boucle le premier voyage autour du monde : parti vers l'est après avoir contourné la corne de l'Afrique, un seul de ses cinq navires revient par l'ouest toucher les côtes européennes. Enfin, en 1961, le premier COSMONAUTE, Youri GAGARINE, découvre la magnifique boule bleue depuis l'espace !

TITAN

Titan est le plus grand SATELLITE de SATURNE (5 150 km de diamètre) et le deuxième plus grand satellite du SYSTÈME SOLAIRE (après GANYMÈDE, satellite de JUPITER). Il est même plus grand que les planètes MERCURE et PLUTON !

Titan possède une ATMOSPHÈRE plus dense que celle de la TERRE, lui donnant une couleur orangée

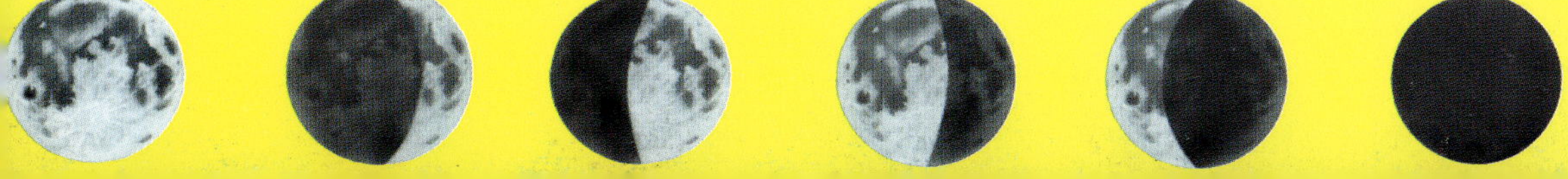

caractéristique. Cette atmosphère intéresse beaucoup les scientifiques, car on y a détecté des molécules de base nécessaires à la vie. En fait, cette atmosphère est comparable à celle qui existait sur la Terre primitive, avant que les premières formes de vie commencent à produire de l'**OXYGÈNE**. Bien que la température au sol ne soit que de – 180 °C, certains astronomes pensent même qu'elle pourrait abriter des formes de vie très simples, comparables aux premières formes de vie terrestre. La **SONDE CASSINI**, lancée en octobre 1997, a atteint Saturne en juin 2004. À la fin de cette année, elle lâchera sur Titan le module atmosphérique *Huyghens*, qui devrait fournir des informations plus précises sur ce satellite, son atmosphère et son océan de méthane dont la présence est suspectée depuis quelques années.

TROU NOIR

Les **ÉTOILES** les plus massives (plus de 8 fois la **MASSE** du **SOLEIL**), après avoir explosé en **SUPERNOVAE**, terminent leur vie d'une bien curieuse façon. Elles deviennent ce que l'on appelle des trous

noirs stellaires, des sortes de gouffres de l'espace, qui possèdent une telle force d'attraction qu'ils capturent et engloutissent toute la matière et toute la LUMIÈRE qui passent à proximité. On pense qu'il peut en exister de différentes tailles et de natures diverses. Des trous noirs géants hypermassifs (de masse égale à plusieurs millions de fois celle du Soleil) occupent le cœur des GALAXIES.
Ce qui se passe au cœur des trous noirs est encore une énigme pour les astrophysiciens.

UNITÉ ASTRONOMIQUE

Pour éviter d'utiliser des chiffres trop longs, les astronomes définissent souvent les distances dans le SYSTÈME SOLAIRE en prenant comme unité de référence la distance de la TERRE au SOLEIL (environ 150 millions de kilomètres). C'est l'unité astronomique (u.a.). Ainsi, on dit que NEPTUNE se situe à 30 u.a. du Soleil plutôt qu'à 4 500 millions de kilomètres. Pour les distances encore plus grandes, d'une étoile à l'autre par exemple, on préfère utiliser l'ANNÉE-LUMIÈRE (10 000 milliards de kilomètres environ).

UNIVERS

L'Univers… c'est tout ce qui existe. Selon la théorie du BIG-BANG, l'Univers que nous connaissons est né il y a environ 13 milliards d'années d'une formidable explosion qui s'est produite partout. Toujours sous l'effet de cette explosion, l'Univers est actuellement en expansion. C'est-à-dire qu'il gonfle comme un ballon et que les éléments qui le composent, comme les GALAXIES, s'éloignent les uns des autres à une vitesse vertigineuse.
L'évolution future de l'Univers reste pour le moment une question sans réponse : l'Univers continuera-t-il éternellement à s'étendre à l'infini ? Ou l'attraction produite par toute la matière qu'il contient finira-t-elle par renverser le mouvement, poussant l'Univers à se contracter de nouveau, se terminant en un formidable effondrement, le fameux « big-crunch » ?

URANUS

Septième **PLANÈTE** du **SYSTÈME SOLAIRE** en partant du **SOLEIL**, elle se situe à 2872 millions de kilomètres du Soleil (19,2 **UNITÉS ASTRONOMIQUES**).
Diamètre : 51 120 km.
Vitesse de **ROTATION** :
17,2 heures terrestres
(en sens inverse comme **VÉNUS** et **PLUTON**).
Vitesse de **RÉVOLUTION** autour du Soleil : 84 années terrestres.

Uranus est une planète géante gazeuse composée principalement d'HYDROGÈNE et d'HÉLIUM, avec un noyau central solide. Contrairement aux autres planètes qui tournent autour d'un axe vertical comme des toupies, Uranus roule sur son ORBITE comme une roue.

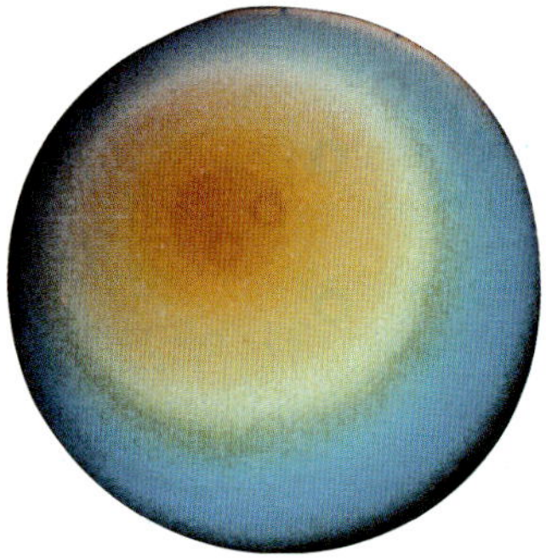

Entourée de dix ANNEAUX étroits, espacés et très sombres, Uranus possède cinq SATELLITES principaux – Titania, Oberon, Ubriel, Ariel et Miranda –, ainsi que 19 petits satellites de 20 km de diamètre, dont une dizaine ont été découverts par la SONDE VOYAGER 2.

VENT SOLAIRE

Le vent solaire n'a rien à voir avec les vents terrestres, comme le mistral ou la tramontane. Il se compose de minuscules particules (**ATOMES**, noyaux, électrons…) expulsées par le **SOLEIL**.

Ces particules de matière se déplacent dans le SYSTÈME SOLAIRE à la vitesse de 400 km/s.

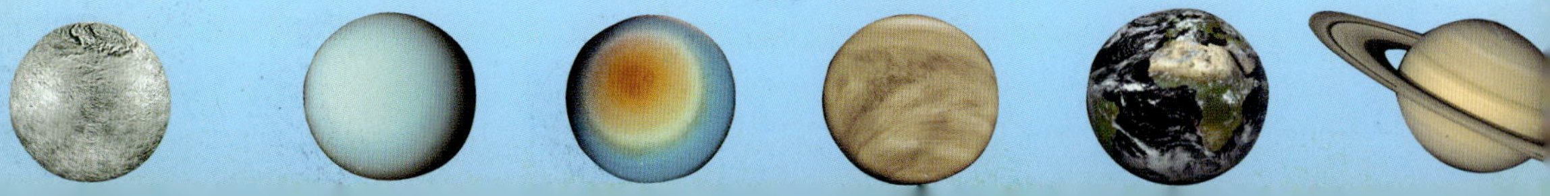

Leur énorme énergie les rend très dangereuses pour l'homme. Heureusement, les ceintures magnétiques qui entourent la Terre nous protègent, et les seules manifestations du vent solaire visibles dans notre atmosphère sont les aurores, ces grandes draperies lumineuses et colorées qui traversent lentement le ciel nocturne au-dessus des régions polaires de notre planète.

VÉNUS

Deuxième PLANÈTE du SYSTÈME SOLAIRE en partant du SOLEIL, elle se situe à 108 millions de kilomètres du Soleil (0,72 UNITÉ ASTRONOMIQUE).
Diamètre : 12 100 km.
Vitesse de ROTATION : 243 jours terrestres. Pendant que la TERRE fait 243 tours sur elle-même, Vénus ne fait qu'une seule rotation (et, qui plus est, en sens inverse des autres planètes, comme VÉNUS et PLUTON).
Vitesse de RÉVOLUTION autour du Soleil : 225 jours terrestres.

La taille de Vénus est proche de celle de la TERRE. Mais la ressem-

blance s'arrête là : cette planète est un véritable enfer. Les épais nuages jaunes qui l'entourent contiennent des gouttes d'acide. Les premières SONDES d'exploration envoyées par les Soviétiques dans les années 1960 ont été littéralement rongées et n'ont pu transmettre aucune information. Ces nuages emprisonnent les rayons du Soleil autour de la planète et provoquent une forte augmentation de la chaleur par EFFET DE SERRE, comme sur la Terre, mais dans des proportions bien plus importantes : la température au sol atteint 450 °C, de quoi faire fondre du plomb ! L'ATMOSPHÈRE, composée à 96 % de gaz carbonique, est totalement irrespirable. De toute façon, même si un homme pouvait s'aventurer sur

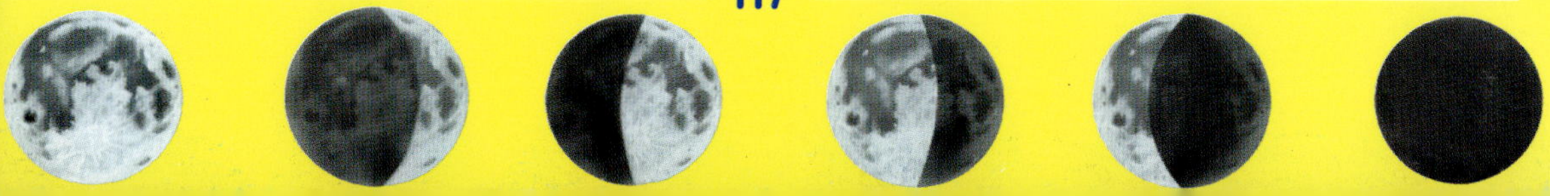

le sol vénusien, il serait complètement aplati, car la pression atmosphérique (le poids de l'atmosphère) y est 100 fois plus forte que sur la Terre.
Le sol de Vénus présente de vastes plaines et une chaîne de montagnes (les monts Maxwell) haute de 11 000 m, presque un Everest et demi. Vénus ne possède pas de **SATELLITE** naturel.

VIKING

La mission Viking se composait de deux engins spatiaux : *Viking 1* et *2*. Chaque engin consistait en une **SONDE** conçue pour atterrir sur **MARS** (le *lander*) et une sonde orbitale (l'*orbiter*), servant de relais pour transférer vers la **TERRE** les données envoyées par les *landers*.
L'atterrisseur de *Viking 1* toucha le sol martien le 20 juillet 1976 (quinze ans jour pour jour après le premier pas de Neil **ARMSTRONG** sur la **LUNE** !), celui de *Viking 2*, le 3 septembre de la même année. La sonde orbitale de *Viking 2* s'est éteinte après 706 orbites et celle de *Viking 1* après 1 400 orbites. La mission Viking avait pour objectif de fournir les premières informations pour une étude prolongée de la **PLANÈTE** Mars : il s'agissait d'analyser la surface de la planète et de détecter l'éventuelle présence de la vie. Malgré la collecte d'une quantité considérable de données (conditions météo, cartographie, etc.), les astronomes n'ont décelé aucun signe de vie.

VLT

L'observatoire européen VLT (*Very Large Telescope* en anglais, ou Très Grand **TÉLESCOPE**) se compose de quatre télescopes de 8,20 m de diamètre installés sur le mont Paranal, situé à 2 635 m d'altitude au nord du Chili, dans

le désert de l'Atacama. Œuvre des pays membres de l'Observatoire européen austral, le VLT est actuellement considéré comme le meilleur instrument d'**ASTRONOMIE** du monde installé sur l'un des meilleurs sites de la **PLANÈTE**. Les quatre télescopes principaux, équipés d'instruments différents, complémentaires et modulables, permettent aux astronomes d'observer l'**UNIVERS** sous toutes ses coutures, en captant des rayonnements lumineux qui vont de l'ultraviolet jusqu'à l'infrarouge. Quatre télescopes auxiliaires plus petits, de 1,80 m de diamètre, peuvent être combinés avec les quatre télescopes principaux pour former un réseau simulant un télescope géant de 200 m de diamètre.

VOIE LACTÉE

La Voie lactée est la longue bande laiteuse faiblement lumineuse que forment dans notre ciel nocturne les 200 milliards d'**ÉTOILES** de notre propre **GALAXIE**. La galaxie elle-même ressemble à une immense galette aplatie d'étoiles. Notre **SYSTÈME SOLAIRE** est situé plus près de son bord que de son centre. La nuit, lorsque nous regardons la Voie lactée, nous voyons en fait notre propre galaxie, mais de l'intérieur, dans la direction de son plan, où les étoiles sont plus concentrées. Au contraire, lorsque nous regardons ailleurs, où les étoiles sont moins nombreuses et le ciel plus noir, nous regardons hors du plan de notre galaxie.

VOLCAN

L'intérieur de la Terre est fait de roches en fusion, liquides, recouvertes par une fine coque solide, la croûte terrestre, fracturée en sept plaques principales. Lorsque la croûte se fissure, la roche en fusion s'échappe. Le plus souvent, cela se passe de façon violente car la pression était très forte avant la rupture. La lave jaillit, accompagnée de nuages de gaz. Le lieu du jaillissement s'appelle un volcan. La lave sort par un long tunnel vertical, la cheminée, qui débouche sur un **CRATÈRE**. En coulant sur les flancs du volcan et en se refroidissant, la lave forme une montagne : le cône. Il existe

aussi des volcans au fond des océans et sur d'autres PLANÈTES. Le plus haut volcan du système solaire a été découvert sur MARS : le mont Olympe, aujourd'hui inactif, atteint 27 km de haut et sa base s'étend sur 600 km.

VOYAGER

Conçues pour réaliser « le grand tour » du SYSTÈME SOLAIRE et lancées en 1977, les deux SONDES *Voyager 1* et *2* pesaient 815 kg, dont 105 kg d'instruments de mesure. Les sondes se sont d'abord dirigées vers la PLANÈTE JUPITER. Elles utilisèrent ensuite la force d'attraction de la planète géante comme « tremplin gravitationnel » pour se diriger vers SATURNE. La sonde *Voyager 2* fut alors redirigée vers URANUS et NEPTUNE, qu'elle survola respectivement en janvier 1986 et août 1989.

Les retombées scientifiques de la mission Voyager furent énormes : les astronomes et le public découvrirent des images spectaculaires des planètes géantes ainsi que l'étonnante diversité de leurs SATELLITES et de leurs systèmes d'ANNEAUX. Les sondes *Voyager* sortent actuellement du système solaire ; leurs générateurs nucléaires, loin d'être épuisés, devraient fonctionner jusqu'en 2017.

Ambassadeurs interstellaires de l'espèce humaine, elles ont emporté avec elles un message à destination d'autres êtres doués

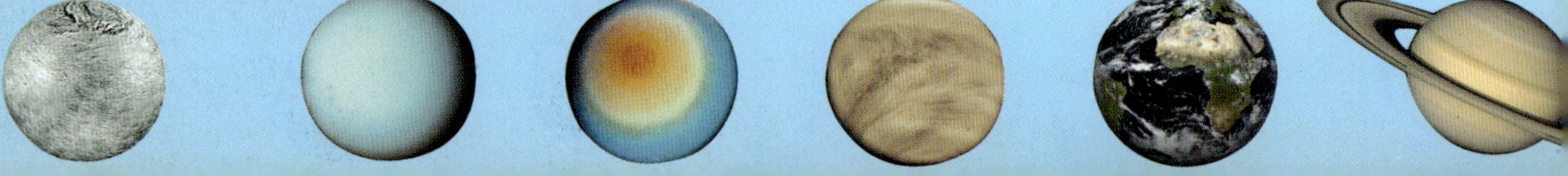

d'intelligence, sous forme d'un disque de cuivre plaqué or, ainsi qu'une cellule et une aiguille pour lire le disque (le mode d'emploi se trouve sur la jaquette en aluminium du disque). Le disque contient une série de 116 images : un cercle, la position de notre **ÉTOILE** (le Soleil), la définition des chiffres et des unités employés en physique et quelques données sur le système solaire, plusieurs planches anatomiques dont une tentative d'explication de la reproduction de notre espèce, plusieurs dizaines de photographies d'hommes, d'animaux, de végétaux, de paysages et de constructions humaines. Le tout s'achève par la photographie d'un violon surmontant la partition d'un quatuor à cordes de Beethoven, ce même quatuor concluant la liste des 27 morceaux musicaux enregistrés sur le disque.

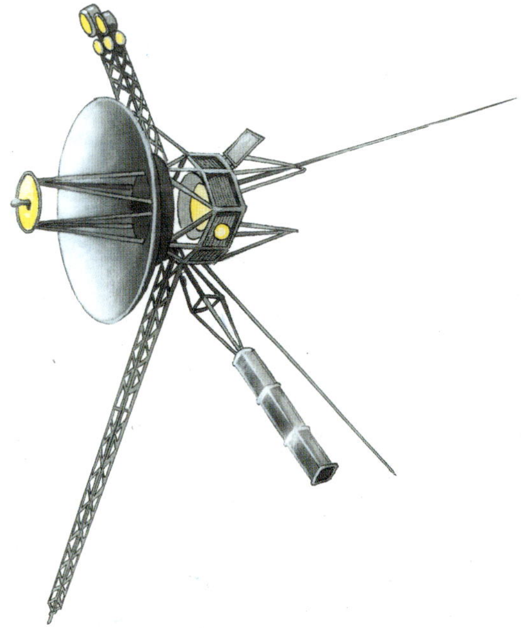

ZODIAQUE

(VOIR LES CONSTELLATIONS DU ZODIAQUE PP.122-123)

Le **SOLEIL**, la **LUNE** et la plupart des **PLANÈTES** semblent concentrer leur déplacement dans le ciel dans une large bande qui va de l'est à l'ouest en passant par le zénith, son point le plus haut au-dessus de nos têtes. Cette zone du ciel porte le nom de Zodiaque et on peut y repérer 13 **CONSTELLATIONS** de tailles diverses : les Poissons, le Bélier, le Taureau, les Gémeaux, le Cancer, le Lion, la Vierge, la Balance, le Scorpion, Ophiuchus (ou le Serpentaire), le Sagittaire, le Capricorne et le Verseau. Douze de ces constellations ont donné leurs noms aux signes utilisés en **ASTROLOGIE**.

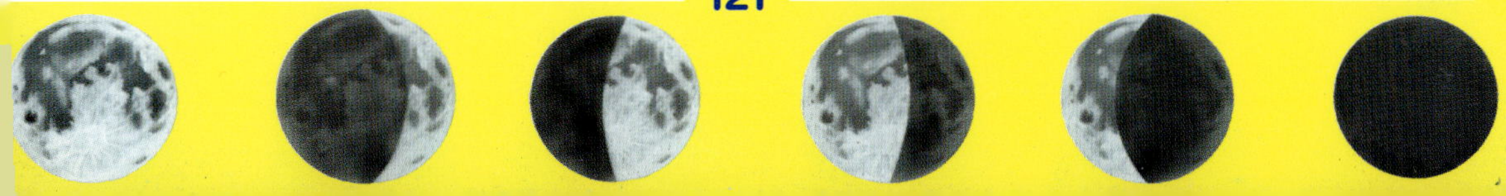

LES CONSTELLATIONS DU ZODIAQUE

Ciel austral

Ciel boréal

POISSONS
PÉGASE
BALEINE
BÉLIER
PETIT CHEVAL
ANDROMÈDE
DAUPHIN
TRIANGLE
LÉZARD
TAUREAU
Altaïr
FLÈCHE
PETIT RENARD
AIGLE
Deneb
PERSÉE
CYGNE
CASSIOPÉE
CÉPHÉE
SERPENT
Bellatrix
LYRE
Véga
Capella
ORION
COCHER
GIRAFE
Pôle Nord
Bételgeuse
étoile Polaire
DRAGON
PETITE OURSE
OPHIUCHUS
HERCULE
GÉMEAUX
LYNX
COURONNE BORÉALE
GRANDE OURSE
PETIT CHIEN
BOUVIER
CANCER
SERPENT
PETIT LION
CHIENS DE CHASSE
Arcturus
HYDRE FEMELLE
CHEVELURE DE BÉRÉNICE
LION
Regulus
écliptique
VIERGE

INDEX

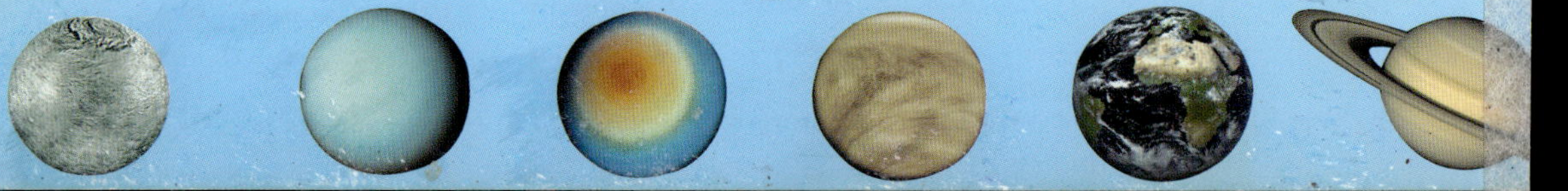